그   곳에
가보고   싶어

그   곳에서
살아보고 싶어

me, too!

그　　곳에서
살아보고 싶어

me, too! FINLAND

김은정 쓰고 | 티뮤 리헬라 Teemu Riihelä 찍다

for
book

[핀란드에서 산다는 것]

핀란드라는 나라에

최고의 찬사를

붙이기는 좀 그렇다.

자살률도 높고 수면 아래 잔잔히 깔려 있는

우울증 환자도 많다.

감성을 자극할 만한 요소보다는 체념이,

추운 날씨만큼이나 스쳐가는 사람들의 표정은

뭔가 화가 난 듯 보인다.

하지만 순간의 감정만으로

판단할 수 없는 나라가 핀란드다.

이곳에는 유행이 없다. 고정관념도 없다.

다 떨어진 '마리메코Marimekko' 천 가방을 들어도,

여름에 가죽 재킷을 걸쳐도 눈총을 받지 않는다.

한 가지에 우르르 달려들어 줄 맞춰 따라가지 않고

각자의 색을 더해가며 뚜렷하게, 다양하게 살아간다.

초록색 트램이 달리고, 무채색을 즐겨 입는 사람들이

만든 거라곤 믿어지지 않게

'화려한 디자인'이 장식되어 있고,

귀여운 하마 캐릭터 '무민Moomin'이 나를 반기는 나라.

나만 알기에는 조금 아까운 이야기들,

그래서 풀어내야 할 이야기가 너무 많은 곳 핀란드.

평화로운 땅, 차분한 풍경 속에서 과하지 않게 살아가는

나와

우리들의

핀란드

이야기를 시작해본다.

2015 | from Helsinki | 김은정

한국에서는 고층 건물에서 아래를 내려다보는 일이 많았다.

핀란드에서는 낮은 건물에서 하늘을 올려다보는 일이 더 많다.

Contents

Epilogue

김은정이 묻고, 티뮤가 찍고, 열 명이 답하다

은정과 티뮤의 헬싱키 라이프

: 핀란드 남자와 산다는 것, 궁금해! ^{me, too!}

스물셋, 스물다섯! 두 '어린아이(?)'의 결혼

나와 핀란드인 남편 티뮤는 2009년 9월 29일, 도시 탐페레Tampere에 있는 아이토라흐덴 반하 키르코Aitolahden Vanha KirkkoVanha Kirkko는 '오래된 교회'라는 뜻이다에서 결혼했다. 스무 살에 만나 4년 동안 연애를 했지만 만 23세, 25세라는 나이는 서른의 문턱에 이른 지금에 와서 생각해보면 참 어리고도 어렸다. 내가 대학을 졸업하고 결혼했을 때, 대학에 늦게 들어간 남편은 겨우 2학년을 막 시작할 때였다.

지금이야 나도 반의 반쯤은 핀란드 사람 다 됐다고 할 만큼 적응되어 살아가고 있지만, 막상 결혼해서 살아보니 '내가 지금 어디에 있는 거지?', '나는 누구인가?'라는 원초적인 질문에까지 도달하게 되는 상실감과 무기력함이 찾아왔었다. 결혼 전 수차례나 들락거린 핀란드였어도 '여행을 하는 것'과 '산다는 것'은 전혀 달랐다.

일찍 문을 닫는 숍들도, 한산함을 넘어 스산함이 느껴지는 조용함도, 침묵이 무기인 핀란드 사람들도, 나를 쥐락펴락하는 다이내믹한 날씨도 전부 싫었다. 게다가 마음 한 켠에 쌓여가는 이런 감정을 나눌 친구 하나 없었다.

그때는 주말마다 꼬박꼬박 시댁에 갔다. 시댁에 가는 날을 손꼽아 기다릴 만큼 사람들의 복닥거림이 그리웠던 것 같다. 시댁에 가면 잠이 더 잘 오고, 물맛이 좋다는 우스운 논리를 펼쳐가며 지치지도 않고 방문했다. 그런 시간들이 있었기에 시댁은 내게 한국에 계시는 부모님과 거의 다를 바 없으며 그런 나를 지켜보면서 늘 다독여준 남편은 세상에서 둘도 없는 가장 친한 친구이자 동반자가 되었다.

요리하는 핀란드 남편, 청소하고 빨래하는 한국 아내

핀란드에서의 결혼 생활도 어느덧 7년 차. 우리 집에선 남편이 요리를, 나는 세탁과 청소를 맡고 있다. 한국 요리는 내가 할 때도 있고, 다림질은 남편이 하기도 하지만 크게 나누어볼 때 우리의 분담은 이렇다. 지금 생각해보면 처음부터 서로 잘하는 것을 자연스럽게, 누가 시키지 않아도 나눠 하고 있었던 것 같다.

사실 나는 주부가 되면 자동으로 요리를 하게 되는 줄 알았다. 뚝딱뚝딱 각종 반찬을 만들어내는 엄마들처럼 말이다. 그런데 지금도 요리에는 도전 정신이 안 생긴다. 명색이 주부라는 여자가 할 소리는 아니지만 다행히도 남편이 요리하는 걸 애정하는 사람이라는 점. 나는 그런 남편을 '요리 박사' 또는 '티뮤 주부'라고 부른다.

남편은 중학교 때 생일 선물로 자신만의 웍을 갖고 싶다고 말했을 정도로, 어릴 때부터 요리에 관심이 많았다고 한다. 남편이 웍을 원한 이유는 중국요리를 하고 싶어서였다고. 고등학교 때는 스시를 만들기 위해 냄비 밥을 했는데 매번 삼층밥이 되곤 해서 어떻게 하면 쉽고 맛있는 밥을 지을 수 있을까 고민하게 되었고, 그때 이것저것 찾아보다가 '밥솥'이란 것도 알게 되었단다.

결국 남편은 그 즉시 헬싱키에 있는 유일한 일본 식료품 매장에 가서 모아놓은 용돈을 털어 밥솥을 샀다. 아시아 음식에 대해 어떤 것은 나보다 더 잘 알고 있던 남편은 나를 만난 뒤 본격적으로 한국 음식에 관심을 갖게 되었고, 배움의 물꼬를 트자 마치 습자지처럼 흡수했다. 그 첫 번째는 당연히 '김치'였다.

남편은 연애 1년쯤부터 김치를 만들기 시작했다. 사실 내게 김치란 가장 만들기 어려운, 그저 엄마가 만들어주시던 음식이었는데 핀란드로 온 뒤에는 상황이 달라졌다. 다행히 지금은 핀란드에서도 한국 음식을 쉽게 구할 수 있지만, 전에는 아시아 마트에서도 가뭄에 콩 나듯 보이는 것이 한국 음식이었다.

결혼 전, 핀란드에 놀러 올 때는 한국에서 김치를 가져왔지만 결혼하고 나서는 그럴 수가 없었다. 나는 유독 한국 음식을 찾는 사람인 터라 어느 날 내 한국 식량이 다 떨어지자 갑자기 밥이 모래알을 넘기는 것처럼 힘들게 느껴졌다. 그때 내게 큰 힘이 되어준 것은 바로 남편이 직접 담근 김치. 지금도 두어 달에 한 번씩 엄마가 보내주시는 김치를 받아 먹고, 급할 때는 이곳에서 사 먹기도 하지만 남편이 만들어주는 '티뮤표 김치' 맛은 라면과 함께 먹으면 최고의 꿀맛이다.

남편은 지금도 끊임없이 여러 나라 음식들을 시도해서 나를 깜짝 놀라게 한다. 티뮤뿐만 아니라, 시댁의 남자 어른들도 주방에서의 역할이 크다. 가족들이 함께 모이면 주방에서 요리를 해 나르는 건 남자의 몫이고, 여자들은 찻잔을 기울이며 담소를 나눈다. 결혼 초반에는 이런 가족 문화에 살짝 좌불안석이었던 나였지만, 지금은 음식이 언제쯤 다 되려나 하고 마음 편히 기다리는 게 익숙해졌다.

남편이 부엌일을 훌륭하게 해낸다면 세탁물 정리는 내 담당이다. 부족함 없어 보이는 남편도 한 가지, 늘 실수하는 부분이 있는데 그건 바로 옷장에서 옷을 꺼낼 때다. 분명 옷을 잘 개어서 넣어주었는데 옷이 자꾸만 형클어져 있다. 그럴 땐 남편에게 한마디 한다.

"옷장 안에 있는 네 셔츠가 화난 것 같아. 대신 말 좀 전해줘. 얌전히 좀 있으라고."

Minun mies nimi on Teemu! 내 남편은 티뮤입니다!

연애 4년, 결혼하고 산 지 햇수로 7년. 연애에서 결혼까지 10년을 살고 있지만 남편을 볼 때마다 '사람이 변하지 않고 이렇게 한결같을 수가 있을까. 물과 같구나'라는 것을 느낀다.

남편은 일요일마다 브런치로 팬케이크를 굽고, 커피를 마시지 않는 나를 위해 따뜻한 핫 초콜릿을 만들어준다. 갖가지 요리책을 펼쳐가며 한 번씩 색다른 요리를 해주고, 내 반응을 살핀다. 남편의 밀도 높은 섬세함은 여기서 끝이 아니다. 부득이하게 함께 갈 수 없는 저녁 모임이 있는 날이면 조금 일찍 퇴근해서 저녁을 만들어 같이 먹는다. "너 혼자 저녁을 먹는다고 생각하면 미안하니까"라고 말하는 그에게서 따뜻한 마음이 전해지는 순간, 나도 모르게 '너는 대체 어느 별에서 왔니?' 묻고 싶어진다.

순도 100%의 순수한 남편. 그 누구도 부럽지 않게 나를 최고로 대해주는 사람. 덕분에 7년 차의 결혼 생활이 마치 7개월처럼 흘러갔다. 함께한 오랜 시간 동안 당연한 것들을 받은 듯 잊고 살았는데, 다시 생각해보니 나는 '남편'에게 감히 기대할 수 있는, 모든 것을 갖고 사는 것 같다.

조심스러운 단어와 문장으로 상대방의 마음을 두드릴 수 있는 남편은 지금도 어느새 내 옆에서 방글방글 미소 띤 얼굴로 서 있다. 그 누구와 있어도 이렇듯 좋은 느낌을 받을 수 없다는 것을 알게 해주는 남편은 상투적인 표현이지만 정말 날개를 감춘 천사 같다.

내 남편 티뮤를 만든 핀란드 교육의 힘

핀란드 사람들이 독립심 강하다는 건 두말하면 입이 아플 정도다. 학교에 다니면서 방학 때나 학기 중에 일 한 번 안 해본 사람이 오히려 무슨 문제가 있나 생각될 만큼, 어느덧 나도 이들의 화려한 경력에 당연하다는 듯 고개를 끄덕이게 된다.

핀란드에서는 9학년중학교 3학년이 되면 2주간 의무적으로 인턴 생활을 한다. 그 기간에는 학교 수업이 따로 없다. 남편은 핀란드 국영방송국 '월레Yle' 텔레텍스트 채널에서 인턴을 했는데, 사실 남편과 방송국의 인연은 과거로 거슬러 올라간다. 방송 저널리스트로 라디오 채널에서 일하시는 아빠의 모습을 어릴 때부터 현장에서 보기도 했고, '보나페티Bon Appetit' 라는 프로그램에 몇 번 출연한 경험도 있다. 남다른 추억과 경험을 떠올리며 2주간의 인턴 생활도 방송국에서 하게 된 것이다.

고등학생이 된 후에는 여름방학 때마다 아르바이트를 했는데 남편의 첫 아르바이트 장소는 헬싱키 항구였다. 차에 관심이 많아 버스 정비소에서도 일을 했고, 그렇게 돈을 모아 컴퓨터를 바꾸거나 사고 싶은 물건을 샀다자신의 땀과 시간이 들어갔다며 버리지 않던 기계들을 미안하게도 결혼과 동시에 내가 깨끗이 처리했다.

핀란드에서 고등학생 나이에 여름 아르바이트를 한다는 것은 대한민국 학생들이 방학이면 학원으로 직행하는 것과 거의 맞먹는다. 방학이 다가오면 어디서 아르바이트를 할 것인가 미리 점찍어두고 평소 하고 싶었던 일을 기준으로 찾아본다. 학생들끼리 "너 올여름에 어디서 일할 거야?"라는 대화는 "너 올여름에 어느 학원에서 보충수업을 할 거야?"라고 묻는 한국 학생들에 비해 훨씬 건강하게 들린다.

티뮤는 고등학교 졸업 후 곧바로 대학을 가지 않고, 혼자 여행을 하면서 무엇을 진정으로 하고 싶은지 인생의 길을 찾고 싶었다고 했다. 설정부터가 꽤나 그럴듯하다. 그는 원하던 대로 스페인과 터키, 일본을 여행하며 그 나라 친구들을 사귀었고 여행에서 돌아오면 단기간 일을 하고 다시 떠났다. 꿈은 정해지지 않았고, 겁은 없고 미숙했던 시기. 티뮤는 몇 번의 여행을 통해 진짜 세상과 만나는 법을 배운 셈이다. 저널리스트 아버지와 포토그래퍼인 고모부, 방송국 프로듀서로 일했던 고모와 이모부 등 티뮤의 가족 중에는 예술 계통에서 일하는 분들이 많았고, 그래서인지 그도 다른 직업을 생각하지 않았다. 하지만 구체적으로 어떻게 자신의 꿈과 이어가야 할지 갈팡질팡했었다.

여행하면서 현지의 풍경을 종이와 연필로 담았고, 그러다 카메라를 한 대 샀다. 그때 산 카메라가 현재의 남편을 만들었다. 남편은 미대에서 사진을 전공하고, 그것이 일로 연결된 지금까지 단 한 번도 지루하다거나 그만두고 싶다거나 힘들다는 말을 한 적이 없다. 즐길 수 있고, 꼭 맞는 직업을 자기 시간을 들여 찾았기 때문이다.

예상을 깨뜨리는 경험은 짜릿한 쾌감을 선사하고 꿈을 찾게 만들었다. 비단 티뮤뿐만이 아니다. 이곳 아이들은 고등학교 졸업 후 현실만 쫓아다니거나 꿈만을 좇지 않고, 그 모든 것을 절충해서 미래를 개척해나간다. 그렇게 쌓인 독립심과 진취성은 결혼 생활에서도 잘 드러난다. 어떤 일이든 차분하게 잘 넘어가며 여러 가지 면에서 부족함이 없는 근면성실함을 보이는 입체적인 남편을 보면 핀란드 교육의 성공 사례라 해도 일방적인 두둔은 아닐 것이라는 믿음이 간다.

me, too FINLAND

마리메코, 아라비아… 너와 나의 쇼핑 놀이터!

요리를 잘하고 또 좋아하는 남편은 예쁜 그릇에 음식을 담아 먹는 걸 좋아해 부엌 살림을 구매하는 부분에서는 나보다 한 수 위다. 물론 우리도 여느 핀란드 사람들처럼 대표 브랜드인 마리메코Marimekko 텍스타일 패션 브랜드와 아라비아Arabia 세라믹 브랜드 또는 이탈라Iittala 테이블 웨어 및 취사도구 브랜드 등에서 주방용품을 구매한다.

헬싱키 헤르토니에미Herttoniemi에는 마리메코 아웃렛이 있다. 아웃렛은 기존 매장에 있는 물건과 똑같이 구비되어 있으면서도 시즌이 지난 물건을 싸게 내놓아 팔기도 하고, 2등급 제품들은 "정말 이 가격에 판매한다고?"라는 말이 나올 만큼 저렴한 가격에 판매하기도 한다. 뿐만 아니라 조각 천을 킬로그램당 가격으로 팔기도 해서 재봉질을 잘하는 사람들이라면 바구니에 넘치게 담을 수 있다. 헬싱키에는 다양한 중고 숍들이 있는데 부모님의 낡은 찬장에서나 볼 수 있는 오래된 아라비아 그릇들을 꽤 괜찮은 가격에 살 수 있다. 그래서 지나치게 낡지만 않았다면 소장하고 싶은 그릇들은 망설이지 않고 사는 편이다.

소꿉놀이를 하듯이 시작된 어설픈 살림들은 어느덧 우리 둘의 집이라는 공간 아래 모이게 되었다. 우리 집은 침실에만 암막 커튼을, 다른 곳에는 하얀 커튼을 설치했다. 하루에 단 몇 시간만 뜨는 겨울 해는 결코 걷히지 않을 것 같은 구름 속에서 그 빛을 거의 내지 못하다가 어느새 어둠과 함께 사라지기 때문에 가능한 한 집 전체를 밝게 해두는 편이다. 반대로 봄부터 시작되는 백야는 한여름이면 새벽 서너시만 되어도 환해지기 때문에 암막 커튼이 없으면 잠을 청하기가 쉽지 않다. 침실의 암막 커튼은 핀란드 생활에 있어 필수 아이템 중 하나다.

marimek

한없이 부족한 주부이지만 나를 아내로 믿고 따라와주는,

주부보다 더 살림꾼 같은 남편 티뮤와 살아가는 헬싱키 우리 집.

이 집에서 우리는 작은 행복을 배우며 살고 있다.

자연 그대로의 모습으로 소박하지만 기쁘게! 우리가 사는 방식이다.

오늘도 남편은 빵을 굽고, 나는 보글보글 된장찌개를 끓인다.

갓 내린 커피를 한 모금씩 나누는 시간도 잊지 않는다.

그 맛있는 냄새들 사이사이로 남편과 내가 공유하는

하루 또 하루의 기록들이 차곡차곡 쌓이고 있을 것이다.

우리가 몰랐던
핀란드 사람들의 숨은 이야기

1 핀란드 사람들은 질문을 아낀다

핀란드 사람들은 궁금한 것이 있어도 질문하기를 꺼린다. '질문'에 대해 지나치도록 신중하며 은근히 말 많은 핀란드 여자들조차 질문에 관해서는 침묵이 미덕이 된다. 왜 그렇게 질문에 비협조적인 걸까.

이들의 표현에 의하면, '상대가 나를 약간 모자란 사람으로 생각하면 어쩌지?'라는 과한 걱정에서 시작된다. 핀란드에서 질문한다는 것은 다른 말로 어리석음으로 해석되기도 하는 것이다. 수학 시험의 답처럼 딱 떨어지는 것은 아니지만, 핀란드인들의 습성이 그렇다. 보편적으로 매우 이성적이고 여유로운 성격의 핀란드 사람들을 생각할 때 질문에 대한 이들의 태도는 수수께끼다.

핀란드 친구가 해준 이야기다. 그 친구가 독일로 공부하러 떠나기 전, 그곳 관련 자료들을 찾아보다가 어떤 미국인이 쓴 독일에 관한 글을 읽게 되었는데 거기에 "독일 사람들은 수줍음이 많고 매사에 심각하다"라는 구절이 있었다고 한다. 그러나 막상 독일에 갔을 때 그 친구는 놀랄 수밖에 없었다. 그들은 친절했고, 미소로 대답했으며, 서로서로 도움을 주고받고 있었다. 그야말로 문화적 충격이었다.

"내가 사람 많은 광장에서 넘어진 적이 있는데 독일 사람들 두세 명이 나에게 와서 괜찮으냐고 물어보는 거야. 만약 헬싱키 중앙 역앞에서 넘어졌다면 모두 앞만 보고 지나쳤겠지."

다시 핀란드로 돌아온 그녀는 독일에서 보고 느낀 것을 토대로(?) 천천히 도전했고 겨우 말문이 트인 아이처럼 사람들에게 질문하기 시작했다. 물론 내 눈에는 아직 한참 멀어 보이지만 말이다.

2 핀란드 사람들은 우울하다

최상의 복지국가라는 핀란드지만 아이러니하게도 우울증을 앓고 있는 사람들이나 알코올 중독자들이 체념할 만큼 많다. 가장 최근 통계에 따르면, 핀란드 내 알코올 중독자 수는 40만 명이고 우울증 환자 수는 그보다 조금 더 많은 44만 명이다. 게다가 통계적인 수치보다 훨씬 더 많을 거라는 게 전문가들의 분석이다.

핀란드 사람들이 우울한 건 하루 이틀의 문제가 아니다. 어둡고 긴 겨울이 사람을 지치게 하는 것도 한 이유가 되겠지만 그 무엇보다 결핍된 관계에 대한 문제가 더 크다.

어딘가 모르게 표정이 굳어 보이는 사람이 있다고 가정해보자. 그 사람을 보는 상대는 두 가지 생각을 한다.

① 안 좋은 일이 있느냐고 가서 물어볼까 생각한다. 하지만 상대가 안 좋은 일이 있는 것도 아닌데 내 질문으로 인해 그 사람이 괜히 무안해질까 봐 묻지 않는다.

② 안 좋은 일이 있느냐고 가서 물어볼까 생각한다. 하지만 안 좋은 일이 있는 그 상대가 내 질문으로 인해 더 우울해질까 봐 묻지 않는다.

결국 극도의 무관심과 자기중심적인 성격이 우울증의 증후를 점점 더 높여가고 있는 것이다.

3 핀란드 사람들은 법을 잘 준수한다

헬싱키에는 버스, 전철, 트램, 기차까지 네 개의 대중교통이 있다. 그중 트램과 전철 그리고 기차의 경우는 자율 검표 시스템이다. 검사는 운전사가 아닌 검표원이 따로 하는데 그들은 예고 없이, 아무도 모르게, 기습적으로 검사를 한다. 건장한 남녀 검표원들이 검사를 시작하면 안에 있던 사람들은 다 끝날 때까지 기다려야 한다. 그때는 빼도 박도 못한다.

수업을 다니느라 매일 대중교통을 이용한 적이 있었다. 1년 동안 검표원을 만난 적은 다섯 번도 채 안 된다. 여기서 중요한 사실은 그중 무임승차로 걸린 사람은 여권까지 보여주며 어설픈 변명을 하던 아시아인과 러시안 관광객이 전부였다는 것이다.

겨우 1년 동안 벌어진 일을 가지고 호언장담하는 것이 결코 아니다. 그 이후에도 티켓 검사를 많이 당했지만 어쩔 줄 몰라 하며 식은땀을 흘리는 핀란드 사람은 정말이지 단 한 번도 보지 못했다(헬싱키에서 무임승차를 하게 되면 80유로, 한국 돈으로 10만 원이 조금 웃도는 돈을 내야 한다).

"어차피 검사도 안 할 텐데 그냥 몰래 타면 안 되나?"

누군가 이렇게 묻는다면 상당수는 말할 것이다.

"검사 받으려고 돈을 내나요? 우리가 목적지까지 가는 요금은 당연히 내야죠. 만약 사람들이 계속 요금을 안 낸다면 운영에 문제가 생길 거예요. 그렇게 되면 요금은 더 오르겠죠."

극소수의 대답이 아니다. 나 하나쯤이야, 라는 생각 같은 것은 없다. 나는 이들이 가진 국민적 태도가 늘 부럽고, '언제까지 부럽다는 생각만 하고 있을 거야?' 하는 상실감도 때론 느낀다. 이 나라 사람들이 뭘 잘 몰라서 '이렇게 법을 잘 지키고 있는 것'이 아니라는 것, 아이처럼 마냥 순수해서 그런 게 아니라는 사실을 알고 나니 그런 생각이 더 깊어진다.

4 만약 당신에게 핀란드 친구가 있다면 알아두어야 할 정보들

- 여자들은 속사포처럼 말이 빠른 반면, 남자들은 정말 과묵하다(술이 들어가기 전까지만).

- 식사할 때 관절꺾기를 하는 것을 예의에 어긋난다고 생각한다. 습관적으로 하는 사람이 있다면 혼자 화장실에 가서 하시기 바란다.

- 자신의 나라 음식에 대해 보잘것없다고 생각한다.

- 핀란드 사람들은 초콜릿과 커피에 환장한다. "핀란드 사람들과 친해지고 싶으세요? 그러면 커피를 한잔 내려주세요."

- 인사를 받아주지 않거나 건조한 말투에 속상해하지 마라. 쑥스러워서 그럴 가능성이 크다.

- 핀란드 사람들은 자신들의 나라는 사계절이 뚜렷하게 있다고 생각한다. 겨우 한두 계절만 누릴 수 있는 나라에 비하면 핀란드의 사계는 감히 판타스틱하다고 말한다. 참고로 핀란드는 이르면 10월부터 눈이 오고, 헬싱키는 4월에도 진눈깨비가 내린다.

- 핀란드인들에게 "러시안입니까?"라고 묻는 것은 실례다. 상당히 불쾌해할 것이다.

- 당신이 잠깐 자리를 비우거나 화장실에 간 사이, 핀란드 사람들이 당신에 대한 얘기를 할 확률은 거의 없다.

- 핀란드 사람들은 유럽에서도 옷차림이 캐주얼하기로 유명하다. 패션 센스는 조용히 용서해주길. 그들은 자신들이 패션 센스가 없다는 것을 모른다. 그리고 늘 같은 옷을 연속적으로 입는다(비슷한 옷이 아니라 똑같은 옷을!).

- 핀란드 사람들은 주말에 사우나를 한다. 어린 아기들도 부모와 사우나를 같이한다. 날씨가 정말 추울 때는 주중에도 한다.

- 이곳에서는 동유럽에서 온 가난한 사람들이 종이컵을 들고 길가에 앉아 구걸하는 모습을 볼 수 있다. 핀란드 사람들은 그들을 도와줄 필요가 없다고 여긴다. 돈을 받고 싶으면 노래를 부르거나 악기라도 두드려야 한다고 생각한다.

- 당신이 외국인이라고 해서 무시당하거나 불평등을 느끼진 않을 것이다.

- 핀란드 사람들은 말싸움을 못한다. 그리고 이들은 그 사실을 알고 있다.

- 술을 마신 뒤 길에서 소변을 보는 사람들을 은근히 자주 목격하게 된다.

- 핀란드 사람들은 누가 보든 안 보든 해야 할 일, 맡은 일에는 늘 최선을 다한다.

- 잘난 척을 모르는 민족이다. 아니면 티 나지 않게 잘난 척을 하는 민족이거나.

- 융통성 없음을 넘어 기계적일 때가 있다.

- 핀란드 사람들은 핀란드 문화와 나라에 대해 자신감이 조금 낮다. 다른 나라들은 핀란드에 비해 길고 좀 더 나은 역사를 가지고 있다고 생각한다.

- 자연재해가 없는 것을 행운이라고 생각하는 사람들이다. 겨울에 내리는 엄청난 눈은 자연재해가 될 수 없다. 이들은 눈을 치우고 눈과 함께 살아가는 법을 잘 알고 있다.

- 같은 유럽이라 해도 지리적으로 멀리 떨어져 있기 때문에 유럽의 다른 나라 위치를 부러워한다.

- 이들은 스스로를 수줍은 민족이고, 사생활은 보호받아야 한다고 늘 입버릇처럼 말하면서도 친해지면 적나라하게 불쑥불쑥 게릴라성 고백을 한다.

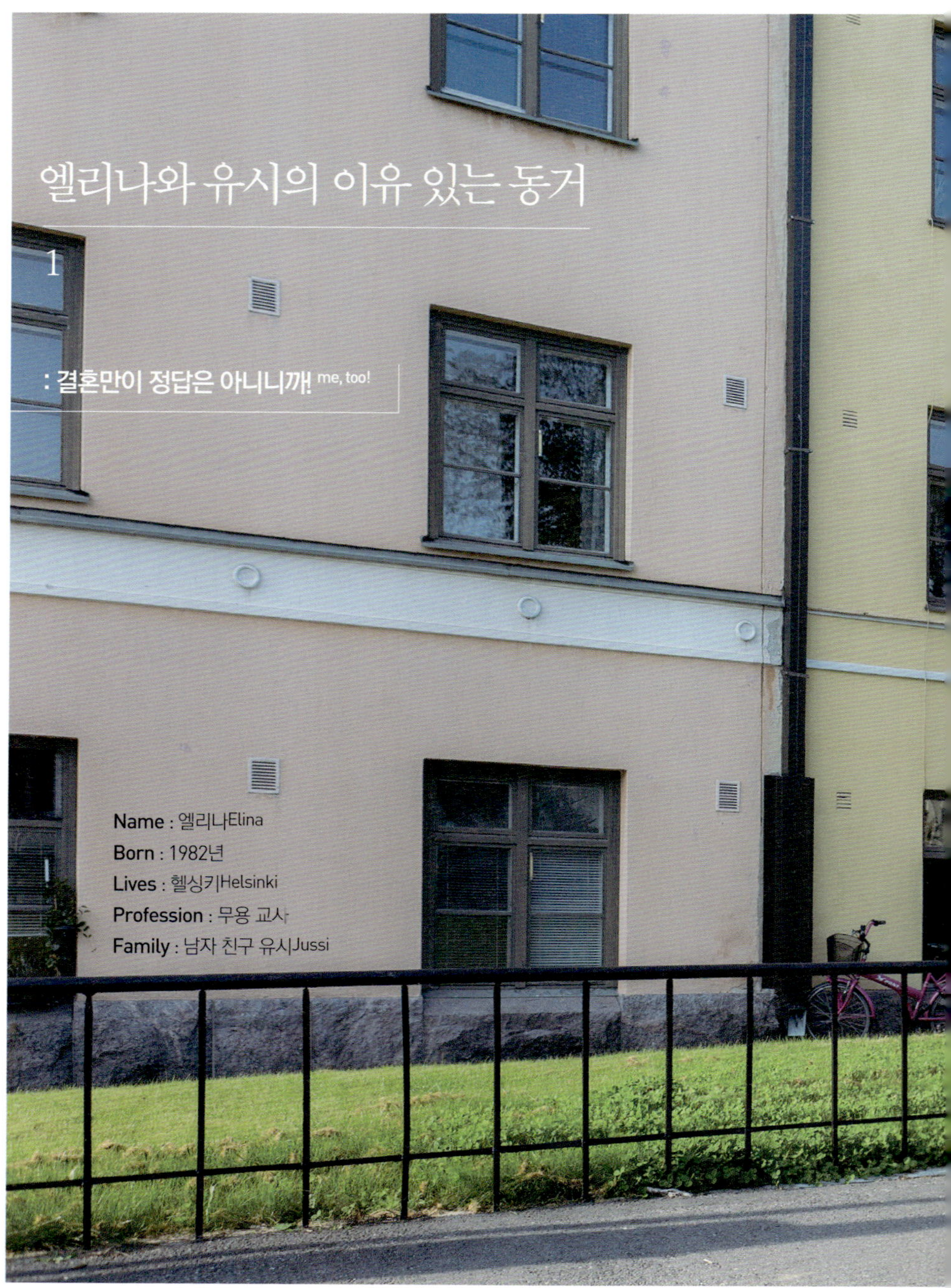

엘리나와 유시의 이유 있는 동거

1

: 결혼만이 정답은 아니니까! me, too!

Name : 엘리나Elina
Born : 1982년
Lives : 헬싱키Helsinki
Profession : 무용 교사
Family : 남자 친구 유시Jussi

family _ one

me, too FINLAND

[그들이 사랑하는 방식]

① 동거는 OK, 결혼은 NO!

핀란드에는 결혼하지 않고 동거하는 커플이 전체 인구의 20% 이상을 차지한다. 핀란드의 남녀들은 눈에 불을 켜고 조건을 따져가며 결혼 상대를 찾기보다 연애하다가 마음이 맞으면 한집에 살기 시작하는 까닭이다. 물론 그중에는 아이가 있는 커플도 있다. 때론 그런 관계가 보이는 것만큼이나 가볍게 깨지기도 하지만, 중요한 것은 핀란드에선 동거하면서 아이를 낳아 기르는 것은 '옳다, 그르다'를 논할 정도의 일이 못 된다는 사실이다.

"결혼 직전까지 부모님과 한집에서 사는 것도 징그러운 일이지만, 동거 경험도 없이 결혼할 남자와 신혼집으로 직행하는 일은 그보다 더 기이한 일이에요. 핀란드 사람들의 상식으로는 납득이 안 되는 일이죠."

가능하면 여러 사람을 만나보고, 같이 살아본 후에 결혼을 결정하는 것이 '지극히 바람직'하다고 생각하는 것이 핀란드 사람들의 보편적인 속내다. 뿐만 아니라 동거는 데이트 비용도 줄이고, 비싼 아파트 렌트비를 사랑하는 사람과 반반씩 내면서 함께 살 수 있으니 '이보다 더 좋을 수 없는' 일이다.

핀란드에서 동거와 결혼은 큰 차이가 없다. 이는 무엇보다 사회적 안전망이 확실하고, 아이가 생길 경우 정부에서 양육비까지 지급해주기 때문일 것이다. 동거와 결혼의 차이점이라고 한다면 단 한 가지! 동거 중 아이가 생겼을 때에는 아이의 아빠가 누구인지 확인 절차를 밟아야 한다는 점이다. 왜냐하면 아이는 두 사람이 같이 만들었다 해도 동거 중에 아이의 보호자는 자동으로 엄마가 되기 때문에 아빠로서의 권한을 갖고 싶다면 호적 등기소에 가서 신고해야 한다. 아이가 있는 상태에서 동거 중인 남녀가 헤어지면 특별한 사유가 없는 한, 법적으로 양육권은 엄마가 갖게 된다.

핀란드 사람들에게 "왜 결혼 안 하세요?"라고 묻는다면 오히려 "왜 결혼을 해야 하죠?"라고 되물을 것이다. 이들에게 결혼은 의무도 아니고 책임도 아니므로, 굳이 강행해야 할 하등의 이유가 없다.

엘리나는 일곱 살 연하의 남자 친구 유시와 2년 정도 동거 중이지만, 이들 역시 여느 핀란드 사람들과 마찬가지로 결혼을 약속하고 함께 살기 시작한 것은 아니다. 그녀는 "결혼이란 하루 동안의 공주 놀이다. 축복과 동시에 약간의 과시도 있는 공식적인 성립"이라고 말한다. 뿐만 아니라 결혼을 통해 생길 수 있는 환상을 꿈꾸지도 않는다.

"결혼 자체를 부정하는 건 아니지만, 아직까지 저에게는 다른 세상 이야기 같아요. 적절한 시기에 결혼해야 한다는 구체적인 계획 같은 것도 없어요. 누군가와 같이 살다가 그게 결혼으로 이어질지 아닐지에 대해서는 장담할 수 없죠. 지금의 남자 친구는 저보다 훨씬 나이가 어려서 그런 생각이 더 없을 것 같아요. 제가 먼저 결혼 이야기를 꺼낸다면 '내 나이에?'라며 깜짝 놀랄 거예요. 결혼이라는 절차를 통해 많은 사람들 앞에서 우리의 관계를 정확히 보여주지 않아도 사랑한다면 충분히 같이 살 수 있다고 생각해요. 뭐, 아직까지는 그래요."

엘리나 본인의 생각이 아무리 확고하다 해도 이쯤 되면 그녀의 부모님 생각이 궁금해진다. 30대의 싱글 여성, 연하의 남자 친구, 들쑥날쑥한 직업, 현실적으로 동거 생활의 '가장' 역할을 하고 있는 딸의 상황은 얘기만 들어보아서는 꽤 비관적으로 다가오기도 하니까. 한국이라면 등짝을 후려치지는 않더라도 혀가 닳도록 말릴 텐데, 엘리나의 부모님도 딸과 같은 생각일까?

핀란드 아이들은 빠르면 10대 후반쯤 독립한다. 대략 16세가 되면 더 이상 징징거리는 어린아이가 아닌 성인으로 간주하기 때문에 동거나 결혼, 더 나아가 자녀 계획 같은 일은 스스로 결정해야 할 문제로 여긴다. 엘리나의 부모님도 딸의 문제에 대해 시시콜콜 간섭하지 않고 멀찌감치 떨어져서 보는 편이다. 한국 엄마들의 레퍼토리인 "결혼은 언제 할 거니?" 같은 말은 단 한 번도 한 적이 없다. 오히려 딸에게 함께 살고 싶을 만큼 좋아하는 사람이 있다는 것 자체에 초점을 맞춰 바라본다.

이렇듯 핀란드에서 부모 자식 간의 관계는 대놓고 쿨하다. 하지만 겉으로 서로 간섭이 덜하다고 해서 부모가 자식을 나 몰라라 내팽개치고 있다거나, 혹은 자식들이 부모를 업신여긴다거나 무관심한 것은 아니다. 단지, 성인이 된 이후로는 부모든 자식이든 자기 자신을 가장 중요하게 생각하고 내가 하고 싶은 것을 우선시하는 그들의 문화적인 특징일 뿐이다. 부모님은 이를 믿고 묵묵히 받아들이며, 자녀들은 자신의 결정에 대해 거침없이 밀고 나간다. 단, 책·임·감·있·게!

② 한 지붕 두 남녀, 핀란드식 월세살이

엘리나의 남자 친구인 유시는 뮤지션이어서 스케줄이 고르지 못하다. 그에 비해 스케줄이 일정한 엘리나가 퇴근 후 집안일을 거의 도맡아 한다. 집이 워낙 작아서 청소하는 날을 따로 정하거나 서로 해야 할 일을 나눌 필요도 없다. 더러운 것이 보인다 싶으면 그때그때 치우면 그만이란다. 특히 설거지는 식사 후 바로 해결하지 않을 경우, 계속해서 그것만 보이기 때문에 그릇은 절대 쌓아두지 않는다는 것이 그녀만의 철칙!

상황이 이렇다 보니 엘리나가 유시에 비해 집안일을 훨씬 더 많이 하는 편이지만 그에 대한 불만은 없다. 그 이유가 나름 합리적이다. 어디 한번 들어볼까?

우선, 현재 검은색으로 염색한 엘리나의 머리카락이 바닥에 떨어질 경우, 훨씬 더 잘 보이기 때문이란다. 남자 친구가 '바닥에 네 머리카락밖에 없다'는 식의 핀잔을 준 적이 없음에도 불구하고, 그녀는 괜스레 양심에 찔린다고 말한다. 게다가 남자 친구보다 몇 배나 더 많은 옷을 가지고 있고, 그만큼 옷도 자주 갈아입기 때문에 머리카락뿐만 아니라 먼지도 대부분 자신이 옷을 갈아입으면서 생기는 것이라고 생각한다.

그래서 청소기를 돌리고 빨래하는 것 역시 자신의 몫이 당연하다고 여긴다. 물론 세탁은 당연히 남자 친구의 것까지 함께한다. 나름대로는 썩 합리적인 공식(?)이 가미된 살림 배분이다.

엘리나가 살고 있는 집은 지은 지 100년이 넘은 노란색 아파트. 한눈에 찾기는 힘들지만 천장이 높고, 그런대로 멋스러운 면이 있다고 소심하게 말했다. 집 안에는 부엌과 거실, 침실, 수납공간이 한국의 원룸처럼 한 공간에 모두 모여 있다. 집에는 소파도 없고, 텔레비전도 없다. 소파 대신 식탁 의자에 앉고, 텔레비전 대신 노트북으로 텔레비전 프로그램을 시청한다.

핀란드의 아파트는 같은 건물이라도 집의 내부 구조가 다르게 지어진 경우가 많은데, 옛날 아파트는 그 차이가 더 심하다. 현재 엘리나가 살고 있는 집은 아주 오래전, 주인집에서 일하는 하인들이 먹고 자며 사용하던 공간이거나, 혹은 원래 한 채였던 것을 벽으로 막아 작은 집으로 만들었을 가능성이 크다.

물가가 높기로 유명한 핀란드, 그중에서도 헬싱키는 집값이 어마무시하게 높다. 엘리나는 말했다. "헬싱키 시내와 가까우면서 싸고 상태 좋은 아파트를 구하는 것은 세계 평화만큼이나 현실적으로 어렵다"고. 부모님이 집을 여러 채 가지고 있어 선심 베풀듯 나눠주는 행운이 없는 한, 재정적으로 독립이 빠른 핀란드 젊은이들, 특히 나이 들어 부모님에게 기대는 것은 수치스러운 일이라고 생각하는 이들은 매달 월세를 내는 일이 빠듯하기만 하다.

유시와 함께 살기 전, 엘리나는 여러 사람들과 한집에 모여 살면서 집세를 나눠 냈다. 요즘 한국의 셰어하우스 같은 개념이다. 하지만 전혀 알지 못하는 사람들과 한집에서 살다 보면 여러 가지 문제가 생기게 마련. 2년 전, 이런저런 이유로 곪아 있던 것들이 금전적인 문제와 함께 터지면서 엘리나는 급하게 집을 구해 나와야 할 상황이 되었다.

새 집을 구할 시간은 총 3주. 그리고 두 가지 옵션이 있었다. 하나는 직장과 거리가 조금 멀어도 평수가 크고 부엌이 깨끗한 집, 다른 하나는 헬싱키의 칼리오Kallio에 위치한 지금의 집이다.

'내게 주어진 시간은 단 3주. 다른 집은 여기보다 좋지만 너무 멀어. 집을 보러 온

경쟁자들도 많아서 내가 집주인이 될 확률도 낮을 텐데? 하지만 여기서 살게 되면 직장도 가깝고…. 아, 모르겠다. 이 집으로 그냥 결정해?'

집을 보러 왔을 당시 집주인의 적극적인 행동이 선택하는 데 결정적으로 작용한 것도 사실이다. 하지만 다행히 엘리나는 현재의 집에 대해 10점 만점에 9.9점 정도 만족하고 있다.

무엇보다 집세가 싸다는 것이 가장 큰 요인이다. 매달 590유로, 한국 돈으로 76만 원이 조금 웃도는 렌트비를 내고 있는 데다 추가로 내는 비용도 없다. 평수가 워낙 작아서 아주 싸다고 말할 수는 없지만, 시내 중심지와 멀지 않고 대중교통이 가까이 있어 편리하니 결코 나쁘다고도 말할 수는 없다.

더 감사한 일은 집주인이 2년 넘도록 집세를 올리지 않고 있다는 것. 이렇듯 개인이 관리하는 집에서 살 경우, 인심 좋은 주인을 만나면 오랫동안 가격을 올리지 않고 사는 사람들을 더러 보긴 했었다. 내가 아는 사람 하나는 5년째 집세를 올리지 않는 주인을 만나 아예 눌러살고 싶어 했다.

"이 집의 가장 큰 단점은 방음이 잘되지 않는다는 거예요. 옆집에 노부부가 사는데 그 집 기상 알람이 몇 시에 울리는지, 어떤 텔레비전 프로그램을 보는지도 알 정도죠. 하지만 다행히도 그게 전부예요. 더 들리는 소음은 없어요. 나머지 다른 한 집은 하루 종일 조용해서 사람이 사는 것조차 느껴지지 않을 정도로 고요해요. 우리는 정말 이웃을 잘 만난 것 같아요. 주말이나 저녁마다 파티를 하는 이웃을 만났더라면 견디기 힘들었을 거예요."

me, too FINLAND

me, too FINLAND

③ 헌 가구로 꾸민 집이지만 괜찮아!

대부분의 가구들은 재활용 센터에서 가져오거나 플리마켓에서 헐값에 구입했다. 식탁은 탐페레에 살 때 플리마켓에서 구매했고, 책장은 투르쿠Turku에서 공부할 당시 친구가 쓰던 것을 저렴한 가격에 가져왔다. CD 수납장은 헬싱키로 이사 와서 친구한테 얻은 것. 남자 친구가 가져와 사용하고 있는 침대 역시 전에 살던 아파트의 재활용 창고에 버려진 것이었다. 이렇듯 여기저기서 가져온 가구들로 오합지졸처럼 배치되어 있지만, 이런 검소한 살림살이가 엘리나와 남자 친구의 신경을 거슬리게 한 적은 없다.

"이사를 가면 침대는 꼭 바꾸려고 해요. 소파도 새로 살 거예요. 지금 집은 소파 놓을 자리가 없어 사지 않고 있을 뿐이죠. 집이 좁아서 남자 친구의 짐 대부분을 다른 곳에 보관하고 있는 게 조금 속상하긴 해요."

나중에 새로운 집에 들어갈 때에는 이케아IKEA에서 부족한 가구들을 채울 생각이다. 유명 브랜드 디자이너의 작품이나 컨템퍼러리 스타일을 고집하는 것도 아니고 가격 때문에 할 수도 없지만 1920년대부터 1970년대까지의 빈티지한 핀란드 디자인을 좋아한다는 엘리나는 "이건 정말 경제력이 갖춰진다는 가정하에 이야기하는 거예요. 일마리 타피오바라Ilmari Tapiovaara 핀란드 가구 & 텍스타일 디자이너. 그가 만든 제품들은 지금까지도 꾸준한 사랑을 받고 있으며, 특히 도무스 체어Domus Chair는 핀란드 사람이라면 누구나 꼭 하나쯤 갖고 싶어 하는 선망의 의자다 의자를 하나 찜해두고 있어요. 가구 브랜드는 아니지만 마리메코나 이탈라, 아라비아 등도 좋아해요"라며 자신의 속마음을 살짝 내비쳤다.

④ 고기 없이 못 사는 핀란드 사람들, 고기 없어도 잘 사는 엘리나!

엄밀히 이야기해서 핀란드 음식은 한마디로 '고기'다. 핀란드 사람들은 정말 고기를 많이 먹는데, 그 이유가 고기를 좋아해서인지 아니면 고기밖에 안 먹어서 그렇게 보이는 것인지, 그것도 아니라면 고기 외에 다른 음식은 어떻게 요리하는지를 몰라서 그런지⋯ 자세히는 모르겠다. 이곳에서 좀 더 오래오래 살면서 파헤쳐봐야 알 수 있을 것 같다.

그런데 엘리나는 좀 다르다. 절반의 채식주의자다. 그래서 그녀가 즐겨 먹는 음식들은 고기를 즐기는 핀란드 음식과는 거리가 좀 있다. 고기를 대신해서 두부와 브로콜리, 아보카도, 견과류 같은 것들을 열심히 챙겨 먹는다. 게다가 싸고 간편하다는 이유로 콩과 두유, 렌즈콩을 즐겨 먹고, 쿠스쿠스와 핀란드식 크림수프인 소세케이토Sosekeitto 역시 자주 먹는다.

기본적으로 채식주의자이기는 하지만 가족 모임이나 다른 사람들과 함께 음식을 먹어야 할 때는 핀란드의 대표 음식 중 하나인 카르야란파이스티Karjalanpaisti를 먹기도 한다. 쇠고기와 돼지고기, 당근, 감자, 양파, 소금, 버터와 월계수 잎, 후춧가루와 물을 솥에 넣고 200도의 오븐에서 세 시간 정도 익힌 다음, 입맛에 따라 150도로 두세 시간 더 뭉근히 익히기도 하는 요리인데 오래 익힐수록 고기가 부드러워지고 국물이 우러나온다.

"어린 시절에는 아빠랑 낚시를 자주 다니면서 핀란드 호수에서 잡은 생선들을 많이 먹었어요. 그때부터 고기보다는 생선을 더 좋아했던 거 같아요. 또 저는 파이 만드는 걸 좋아하는데, 아쉽게도 집에 오븐 놓을 자리가 없어서 남자 친구 작업실에 있는 오븐을 이용하고 있어요. 오븐이 있다면 더 많은 음식을 만들 수 있을 텐데….
그게 좀 아쉬워요."

⑤ 생계 지원비를 챙겨주는 엄마 같은 나라

엘리나와 남자 친구 유시는 둘 다 일을 하고 있지만, 생활비는 둘 중 형편이 되는 사람이 충당한다. 집세를 반반씩 내며 사는 게 가장 좋은데 상황이라는 게 항상 가변적이어서 따로 공동 계좌를 만든다거나, 영수증을 보관할 뿐 일일이 체크하지는 않는다.

유시는 네 명의 친구들과 함께 회사를 설립하여 운영 중인데, 회사 임대료가 너무 높아서 아직까지 제대로 된 급여조차 받아본 적이 없다. 공동으로 일을 찾고, 그 돈으로 회사를 경영하면서 수입을 나눠 갖는 구조인데 일이 없을 때는 거의 돈을 받지 못한다. 그런 달에는 엘리나가 집세를 모두 낸다.

두 사람 모두 수입이 안정적일 때에는 집 임대료와 전기 요금을 정확히 절반씩 내고, 식품이나 그 밖의 다른 물건을 구입할 때는 명확하게 구분하지 않고 그냥 넘어가는 편이다. 가끔 어느 한쪽이 부당할 만큼 매달 지출이 지속되어도 그대로 이어간다. 왜냐하면 그런 상황은 언제든 바뀔 수 있다고 믿기 때문이다.

핀란드의 생계 지원비가 궁금하다면?

: 뮤지션인 엘리나의 남자 친구 유시는 같은 일을 하는 사람들끼리 모여 사업을 하고 있다. 하지만 수입이 들쑥날쑥해서 재정 사정이 좋지 않다. 유시처럼 수입이 고르지 못해 생계를 이어가기 힘든 사람들은 '켈라Kela'에서 생계 지원비를 따로 받는다. 켈라란 '칸사네라케라이토스Kansaneläkelaitos'의 줄임말로 '사회보험기관'이라는 뜻이다.

유시가 받는 지원비는 '아수미스투키Asumistuki'다. 이는 '주거 급여'라는 뜻이며 주거에 필요한 비용 지원을 의미한다. 유시에게 지급되는 돈은 한 달에 172유로(약 22만 5000원) 정도. 벌어들이는 수입, 주거 형태, 싱글 또는 가족 구성원의 한 달 급여, 현재 상황 등을 종합적으로 검토하여 계산한 뒤 지급되기 때문에 금액은 매달 차이가 있다.

이처럼 핀란드 정부가 지원하는 혜택은 철저하다. 국민의 세금이 허투루 쓰이지 않는다. 앞서 말한 주거 급여 외에 기본 수당이란 뜻의 '페루스파이바라하Peruspäiväraha'도 있다. 이것은 해고를 당했거나 직장을 그만두고 다음 직장을 찾을 때까지 받는 지원금이다. 지원금은 최대 500일 동안 받을 수 있는데, 단 이전까지 일한 경력이 일주일에 18시간 이상, 총 10개월 이상되어야 한다. 지급되는 금액은 한 달에 702유로. 세금을 제하고 실질적으로 주어지는 금액은 522유로(약 69만 원)다.

이외에 노동 수급이란 뜻의 '튀요마르키나투키Työmarkkinatuki'(학교를 졸업한 후 아직 일을 찾지 못했거나 취업 경험이 없는 사람에게도 한 달에 우리 돈으로 약 69만 원을 지급한다. 이 급여를 받는 동안에는 고용 센터에서 일자리 제공 및 인턴십 기회를 주며 만약 그것을 잘 실행하지 못하거나 하지 않을 경우 수당을 받는 데 차질이 생기기도 한다), 소득 지원이란 뜻의 '토이멘투로투키Toimeentulotuki'(자신을 부양해줄 가족도 없고, 잔고도 없고, 아무것도 가진 것이 없을 때 최소한의 생계 지원으로 신청하는 최후의 방법 같은 것. 지원 금액은 상황에 따라 차이가 있다)도 있다.

[그 여자, 엘리나 이야기]

① 춤에 미쳐서 춤을 가르치는 여자

"어릴 때에는 물구나무서서 걸을 수도 있었어요. 한데 지금은 연습이 부족해서이기도 하지만 나이가 들면서 점점 더 잘 안 되네요."

다른 사람보다 훨씬 유연한 엘리나의 몸동작은 그냥 만들어진 것이 아니었다. 그녀의 취미는 서커스다. 비싼 비용 때문에 지난가을부터 훈련을 그만두기는 했지만, 물구나무서기와 곡예 등은 오랫동안 하지 않을 경우 몸이 굳을 수 있으므로 틈틈이 집에서 연습한다. 조깅으로 체력을 유지하는 것도 그녀만의 건강 비법.

엘리나는 어릴 때부터 몸을 사용해 춤추는 것이 좋아 발레를 잠시 배웠는데 토슈즈를 신고 발끝으로 춤을 배우는 것이 자신과 맞지 않았다. 댄스에는 발레 외에도 여러 종류가 있다는 것을 알게 된 것은 한참이 지난 후였다. 고등학생 때, 춤을 배우기 위해 댄스 교실에 다니면서 댄스 교사를 동경하게 되었고, 이때부터 고요하던 엘리나의 마음은 일렁이기 시작했다.

전문 댄서가 되고 싶었던 그녀는 고등학교를 졸업한 후, 공연 예술을 전공하고 헬싱키에 있는 연극 학교에서 석사과정을 마친 뒤 무용 교사로 일하기 시작했다. 현재 그녀는, 10대부터 그토록 갈망해오던 자신만의 꿈을 펼치고 있는 중이다.

② 두 개의 직업

엘리나는 커뮤니티 컬리지Community College에서 재즈댄스를 가르친다. 연령대와 상관없이 수업을 신청할 수 있어서 오랫동안 배움을 꿈꾸던 사람들이 찾아오는 곳이다. 진정으로 배우고 싶은 열망을 가진 사람들의 클래스인 덕분에 한 번 수업을 들은 사람들이 대부분 재등록한다. 덕분에 엘리나는 이곳 학생들과의 친분이 두텁고, 그들의 감성을 일일이 파악하고 있으며 학생들을 가르치는 일이 한층 더 신난다.

그녀는 또 대학교 스포츠 클럽에서 현대 무용도 가르치고 있다. 수업이 일주일에 한 번씩 총 여섯 번밖에 되지 않는 데다 한 기간이 끝나면 새로운 반이 시작되기 때문에 학생들 얼굴도 익히기 전에 수업이 종료된다. 그래서 좀 아쉽다.

"핀란드 사람들은 감정 표현이 무척 서툴러요. 혹시 학생들 중에서 나를 싫어하는 사람이 있지는 않은지, 내가 새로 짠 안무를 좋아하는지 아닌지 늘 고민해요. 다행히 수업에 반감을 가지고 그만두는 학생이 없다는 것으로 위안을 삼을 뿐이지요."

엘리나의 수업은 수강 신청을 받은 다음 인원수에 의해 결정되기 때문에 학기 시작 열흘 전까지 인원이 충당되지 않으면 강의가 없어지기도 한다. 이렇듯 예측할 수 없는 직업 환경 때문에 무용만으로 먹고살기에는 돈이 턱없이 부족하다. 당장 지난 학기에도 엘리나는 경제적으로 어려움을 겪어야 했다. 그래서 어쩔 수 없이 몇 개월 전부터 옷가게에서 파트타임으로 일을 시작했다.

이런 아르바이트는 이번이 처음은 아니다. 이전에도 이렇게 일한 적이 있다. 물론 언제나 두 가지 일을 병행하는 것은 아니고, 돈이 부족할 때에만 일하는데 그 시간 들을 모아보았더니 어느새 8년이나 되더란다.

"수업을 위해 준비할 것도 많고, 연구도 해야 하는데 옷가게에서 시간을 때우는 것 같아 속상할 때가 있어요. 겹겹이 쌓여 있는 옷 사이에 내 꿈도, 내 인생도 접힌 채 쌓여 있는 것처럼 느껴질 때도 있죠. 전공과 아르바이트 사이의 간극도 매우 커요. 오직 돈벌이를 위해 일하는 동안에는 나에게서 무언가 중요한 에너지가 빠져나가는 기분도 들어요. 하지만 금전적으로 여유가 없는 현재의 상황을 생각하면 지금 상태를 유지하는 수밖에 없어요."

이렇게 열심히 살아도 금전 문제가 해결되지 않을 때에는 부모님에게 도움을 받기도 한다. 물론 빌린 돈은 반드시 갚는다는 전제하에!

③ 30대, 잘 가고 있는 것일까?

30대가 되었지만 20대 때와의 차이는 나이의 앞자리 숫자만 바뀌었을 뿐, 생활은 변함이 없다. 여전히 월세 아파트에서 살고, 여전히 20대 때 하던 미래에 대한 고민을 계속하고 있다.

엘리나가 스무 살 무렵 대학에서 만난 친구들 또한 그녀처럼 무용 교사 관련 일을 하고 있다. 그들은 누구보다 서로의 처지에 대해 잘 알고 있고, 굳이 설명하지 않아도 이해하는 사이다.

"만약 친구들이 나와 완전히 다른 삶을 살고 있다면 내가 처해 있는 상황, 그리고 나 자신에 대해 더 깊이 돌아볼 것도 같아요. 내가 그들보다 한참 뒤처져 있다면 상대적인 박탈감을 느낄 수도 있을 텐데 그렇지 않아서 한편으로는 위로가 되기도 해요."

친구들과 함께일 때는 행복하지만, 철저히 혼자가 되었을 때는 생각이 많아진다고 고백하는 그녀다. 자신의 전공과 현재 하고 있는 일, 그리고 앞으로 하고 싶은 일 등을 조용히 점검하게 되기 때문이다. '잘 가고 있는 것일까?', '무엇을 하고 싶은 것인가?' 등등 내면의 질문에 구체적으로 몰입하게 되고, 더 나아가 '나는 누구인가?'라는 원초적인 질문에 이르기도 한다.

그토록 좋아하는 무용을 직업으로 삼아서도 얼마든지 잘 먹고 잘 살고 싶은데 직장도 워낙 변수가 많아 가끔은 현재의 행복까지 위협받는 듯한 기분을 느끼는 엘리나. 그리고 보면 어떤 일을 하며 어떻게 살아야 할 것인지에 대한 고민은 우리와 다를 게 없는 듯싶다.

④ 어린 시절, 규칙을 지킨다는 것을 배우다

- 바른 행동을 할 것.

- 사람들을 도와주고 공경할 것.

- 상황에 따라 나 자신과 상대방을 방어할 것.

- 외출 시 어디에 가는지 말할 것.

- 귀가가 늦어질 경우 정확한 시간을 말할 것.

- 용서하고 사과할 것.

- 저녁 식사 때 노래를 부르지 않을 것.

- 사우나에서 방귀를 뀌지 말 것.

- 목표와 꿈을 좇아가고 절대 포기하지 않을 것.

- 욕을 금할 것.

- 사람들을 비난하거나 약자를 괴롭히지 않을 것.

- 이 세상에는 나와 다른 종류의 사람들이 많다는 것을 받아들이고 이해할 것.

- 학교 과제를 하고 집안일을 도울 것.

- 스스로 생각하고 넓게 생각할 것.

- 가끔씩 혼란이 찾아오고 바보 천치 같은 사람들이 내 삶을 방해하겠지만 일은 무
  조건 해결될 것이라 믿을 것.

- 각자의 나아갈 길을 만들고 실수는 스스로 대처할 것.

"규칙은 많았지만 단 한 번도 지나치다고 느낀 적은 없어요. 이런 종류의 규칙들은 아이를 키우는 데 있어 반드시 필요한 것이고, 게다가 부당한 내용이 하나도 없어요. 부모님은 아이를 엄격하게 할 때와 조금은 느슨하게 풀어줄 때를 적절히 잘 결합해서 저와 여동생을 키우셨죠. 그리고 우리가 항상 부모님의 보살핌을 받고 있다는 걸 느낄 수 있게 해주셨어요. 규칙을 어긴 날도 벌을 주는 대신 늘 저와 의논해서 문제점을 해결해주셨어요."

그녀는 셀 수 없을 만큼 규칙이 많은 집안에서 엄격하게 자랐다. 그런 그녀에게 유일하게 규칙이 없었던 기간이 있었는데, 바로 매년 여름마다 할아버지 할머니의 묘키Mökki 핀란드어로 코티지라는 뜻에 갔을 때다. 그래서일까. 요즘도 그곳에 가면 모든 것에서 완전히 해방되는 듯한 자유로움을 느끼곤 한다.

엘리나는 자신에게 어린 시절 엄격한 규칙들이 있었기 때문에 현재 자신이 바르게 잘 자랄 수 있었으며, 살면서 커다란 트러블을 겪지 않을 수 있었다고 생각한다. 부모님이 정해주신 규칙들에 반항하고 싶지 않아서 성실히 공부했고, 주변 사람들에게 늘 친절하게 대하려고 노력했으며, 머리카락을 초록색으로 염색한다든지, 혹은 얼굴과 몸에 피어싱을 하고 싶다는 호기심도 품지 않았다.

물론 머리카락을 좋아하는 색으로 자유롭게 바꿀 수 없다는 규칙은 없었지만, 엘리나는 스스로 그런 딸이 되고 싶었단다. 엘리나의 부모님은 그녀를 믿어주었고, 그녀 역시 자신에 대한 믿음의 가치를 떨어뜨리고 싶지 않았다.

me, too FINLAND

[엘리나가 말하는 핀란드 & 핀란드 사람들]

"핀란드 사람들은 약속을 정말 잘 지켜요. 핀란드 타임, 이런 건 없어요. 시간과 일정에 관해서는 철두철미하죠. 물론 다 그런 것은 아니지만, 일반적으로 사람들 머릿속에 떠오르는 핀란드 사람에 대한 이미지가 그런 것 같아요. 약속을 잘 지키는 국민!"

핀란드 사람들은 상당히 직설적으로 말하는 편이다. 이 점은 경우에 따라 단점이 되지만 때로는 빙빙 돌려 말하지 않고 솔직한 것이 장점이 되곤 한다. 그리고 하나 더, 핀란드 사람들은 절대 '예의상' 말하는 법이 없다. 한국에서처럼 "다음에 식사 한번 해요"라거나 "집에 한번 초대할게요" 등의 말을 해야 할 것 같은 중압감을 절대로 느끼지 않는다. 그리고 자신의 입으로 뱉어낸 말은 책임지려고 노력한다. 만일 누군가 예의상으로 "언제 한번 보자" 같은 말을 건넨다면 핀란드 사람은 바로 질문을 던질 것이다.

"언제, 어디서 볼까요?"

서로 간섭하면서 뒷말을 만들지 않고, 일정한 거리를 두고 사람을 만나는 점 역시 핀란드 사람들의 장점이자 단점이다. 다른 사람들이 볼 때 손발이 오글거릴 것 같은 말들은 칭찬이 아니라 조롱으로 받아들일 수 있기 때문에 조심해야 한다. 뿐만 아니라 "너, 오늘 옷이 왜 이래?" 혹은 "머리 좀 잘라" 등의 주관적인 견해 같은 것도 말하지 않는다. 정말이지 남의 일에는 눈곱만큼도 관심이 없는 민족임에 틀림없다.

하지만 이렇게 거리를 두고 사람을 만나다 보니 소통이나 대화를 할 때 행동이 어설프고 뻣뻣한 면도 있다. 엘리나는 자신이 만약 핀란드가 아닌 다른 나라에서 살아간다면 서로 조금씩 틈을 내보이는 개인주의적인 행동이 그리워질 수도 있을 것 같지만 핀란드에서 살고 있는 지금은 가끔씩 냉랭함 또한 느끼기도 한단다.

[좀 더 하고 싶은 말들]

엘리나는 자신의 일기장을 공개하듯, 하고 싶은 이야기를 거리낌 없이 털어놓았다. 세상의 수많은 예술가들처럼 그녀 역시 열정에 대한 갈증을 느끼고, 현실과 꿈 사이에 놓인 벽을 문으로 바꾸기 위해 노력하고 있다. 그리고 언젠가는 꿈을 이루려고 노력하는 그녀이기에 지금의 솔직한 자기 고백이 더욱 진하게 다가왔다.
"남을 탓하거나, 상황을 탓하고 싶지 않아요. 단지 내가 그 정도의 재목이 아닌 거겠죠. 원래 인생이라는 게 녹록지 않잖아요. 살면서 앞으로도 수없이 넘어지겠지만, 그때마다 영차, 영차, 힘을 내면 되지요."
예술 하나만으로 평탄한 인생을 살아가지는 못할지라도, 춤을 출 때만큼은 지금처럼 본능적인 순수함을 잃지 않았으면 하는 바람을 가지고, 여전히 성장통을 겪고 있는 엘리나가 세상에서 가장 아름다운 무용수가 되기를 바란다. 사람은 누구에게나 인생의 정점, 하이라이트가 있으니까.

살수록 위로가 되는
핀란드의 자연

나는 이곳에 와서 물을 사 먹거나 끓여 먹은 적이 없다. 물론 마트에는 생수를 팔고, 탄산수만 좋아하는 사람도 있지만, 대부분 수돗물을 마시며 살아간다. 핀란드는 호수의 나라답게 호수만 무려 19만 개 가까이 된다. 거짓말처럼 많은, 크고 작은 이 호수들은 도시마다 연결되어 깨끗한 물을 공급한다. 헬싱키는 파이얀네Päijänne 호수와 연결되어 있다.

핀란드에 처음 놀러 왔을 때부터 여기 수돗물에 전혀 거리낌이 없었을 만큼, 그 맛이 시원한 데 놀랐었다. 특별히 무언가 섞인 맛이 느껴지거나 거북함이 없고, 산속 깊은 옹달샘에서 표주박으로 떠 마시는 것과 비슷하다고 생각하면 된다. 사우나를 하다가 도중에 목이 마르면 바로 세면대 수도꼭지를 틀고 마시면 된다. 덕분에 지금 나는, 집에 가만히 앉아 수도꼭지를 통해 흘러나오는 핀란드 남쪽 호숫물을 마시며 살고 있다.

마리아와 피르카의 맞벌이 육아법

2

Name : 마리아Maria
Born : 1984년
Lives : 헬싱키Helsinki
Profession : 의사
Family : 남편 피르카Pirkka, 딸 엠마Emma

: 아이를 엄마 혼자 키운다는 건 말도 안 돼! me, too!

[의사 엄마, 마리아 식 양육법]

① 두 개의 언어로 말하다

가지런한 금발의 단발머리에 안경을 쓴 마리아는 야무진 핀란드 여자다. 의대 재학 시절, 같은 공부를 하던 남편 피르카를 만나 6년간 연애하다가, 졸업을 앞둔 2009년 가을에 결혼했다. 그리고 3년 뒤, 딸 엠마가 태어났다.

그런데 이 집의 거실 책장에는 두 사람의 의학 서적만 가득할 뿐, 육아에 대한 서적은 좀처럼 찾아볼 수가 없다. 수많은 육아 정보는 물론, 다른 사람들의 말에 조금도 흔들리지 않고, 오로지 자신과 아이의 눈높이에서 관찰하며 아이를 키우고 있는 마리아의 육아 일기가 갑자기 궁금해졌다.

폴란드인 엄마와 핀란드인 아빠 사이에서 태어난 마리아는 딸 엠마에게 폴란드어로 대화를 건넨다. 핀란드에서 태어나고 자라 모든 교육을 받았으니 마리아는 한 치의 의심도 없는 핀란드 사람이다. 그런 그녀가 딸을 위한 언어로 핀란드어가 아닌 폴란드어를 택한 이유는 뭘까.

사실 마리아는 임신 전에는 아이에게 두 가지 언어를 섞어서 가르지치 않고, 한 가지 언어만 힘을 실어 가르칠 생각이었다. 그녀가 폴란드 출신이라는 사실 때문에 임신 중에 "아이에게 폴란드어를 가르칠 건가요?"라는 질문을 수없이 들었고, 그때마다 그녀의 고민은 더해갔다. 그런데 답을 정하기도 전에 아이가 태어났고, 자신도 모르게 폴란드어로 말을 건네면서 그녀는 깨달았다. 어릴 때 자신의 어머니에게 들어왔던 단어들을 아이에게 그대로 들려주고 있다는 것을.

핀란드에서 자랐기 때문에 마리아의 폴란드어 실력은 완벽하지 않다. 하지만 그녀가 어릴 때 어머니를 통해 자연스럽게 폴란드어를 습득했듯이 딸 엠마 역시 자연스럽게 언어를 배우길 바라고 있다.

"제가 어렸을 때는 여름방학 때마다 가족들과 함께 폴란드로 휴가를 갔어요. 엄마를 통해서 배운 폴란드어가 전부였지만 현지 사람들과 의사소통을 하는 데는 별문제가 없었지요. 물론 정치나 경제 등 어려운 주제에 대해서는 깊이 있는 대화를 할 수 없지만, 기본적인 대화들은 문제없는 수준이죠. 이다음에 엠마가 컸을 때 사적인 이야기를 하거나 소소한 고민거리를 나눌 때에는 폴란드어로 대화할 수 있어서 좋을 것 같아요. 저도 엄마와 함께 둘만의 비밀 언어처럼 이야기를 나누곤 했거든요. 아! 물론 중간중간 핀란드어를 섞어가면서 이야기해도 상관없겠죠."

아이는 집을 나서는 순간부터 핀란드어가 가득한 세상 속으로 들어간다. 마리아와 달리 남편 피르카도 엠마에게 핀란드어로만 이야기하기 때문에 폴란드어와 핀란드어 두 가지 언어 중에서 핀란드어 사용 빈도가 훨씬 많다. 하지만 놀랍게도 두 돌이 채 안 된 엠마는 책장에서 핀란드어로 된 동화책과 폴란드어로 된 동화책을 구별할 줄 알고, 단어도 곧잘 기억한다.

"폴란드어 동화책 읽어주세요" 또는 "핀란드어 동화책을 읽어주세요"라고 말할 때면 엠마의 언어 습득 속도에 그저 놀랄 뿐이다. 아빠와 엄마가 서로 다른 두 가지 언어를 사용하는 것이 의미 있는 성과를 내고 있는 것이다. 오늘 밤에도 마리아는 엠마에게 폴란드 동화책을 읽어줄 참이라고 했다.

② 엄마라면, 모유 수유

핀란드에서는 공공장소에서 모유 수유를 하는 엄마들을 자주 만날 수 있다. 그중에는 특별히 가슴을 가리지 않고 수유하는 엄마들도 종종 있다. 물론 이런 장면 하나만 가지고 핀란드가 모유 수유의 강국이라고 말할 수는 없지만, 기본적으로 핀란드에선 예비 산모들에게 모유 수유를 권장한다.

'모유 수유' 이야기가 나오자 마리아의 눈빛이 달라졌다. 마리아의 경우, 임신 중 몸무게가 15킬로그램 정도 늘었는데, 다행히 출산 후 6개월 동안 이 살은 대부분 빠졌다. 출산 전부터 해오던 간단한 운동을 지속했을 뿐인데 별다른 이상 없이 몸이 정상으로 돌아온 데에는 모유 수유가 큰 몫을 차지했으리라는 게 그녀의 생각이다. 마리아는 육아 휴직 기간 동안 엠마를 모유 수유만으로 키우는 것이 목표였다. 초반에는 모유 수유 자체가 굉장히 아프고 힘든 시간이었지만, 그 모든 것을 목표 달성을 위한 시작이라 생각하며 견뎌냈고, 덕분에 아이는 1년 2개월 동안 모유를 먹고 자랄 수 있었다.

"저는 엄마이기도 하지만 그 이전에 의사이기도 해요. 그래서 의학적으로 모유가 얼마나 효능이 있는지 잘 알고 있죠. 엠마가 큰 병치레 없이 건강하게 잘 자라는 것은 모유 덕분이라고 생각해요. 모유가 알레르기를 예방하고 감염이나 전염병을 낮추는 역할을 한다는 것은 기본 상식이에요. 아이가 좋은 항체를 만들 수 있도록 도와주기 때문에 각종 바이러스와 싸울 수 있는 면역력을 기르게 되죠. 여기에다 개인적인 이유를 덧붙이자면 분유를 젖병에 타서 데워 먹이는 것보다 모유가 훨씬 더 편리하다는 것도 제가 모유 수유를 택하게 된 이유 중 하나랍니다."

마리아는 모유 수유를 별도의 설명이 필요 없는, '엄마라면 누구나 해야 할 무조건 적인 행위'라고 정의했다. 모유 수유를 길게 할 생각이 없다 해도 아이가 생후 4개월이 될 때까지는 반드시 모유를 먹여야 하며 유방에 문제가 있거나 특별히 복용하는 약이 없다면 모든 아기 엄마들이 꼭 해야 할 일이라고 말한다.

물론 다른 엄마들에게까지 강요할 수는 없지만, 모유 수유를 하지 않는 엄마들에게는 분명히 '이기적인' 이유가 있을 것이라고도 말했다. 엠마는 다행히 자연스럽게 모유를 줄이기 시작하다가 1년 3개월로 접어들었을 때는 완전히 흥미를 잃고 젖을 끊었다. 그때서야 마리아는 마음속으로 외쳤단다.

'행복하게 목표 달성 성공!'

③ 생후 9개월, 배변 훈련의 시작

"배변 훈련이오? 배변 활동이겠죠."

마리아는 '훈련'이란 단어가 적합하지 않다고 말했다. 훈련을 시킨다는 생각은 하지 않았는데도 배변 '활동'은 성공적이었으니까. 엠마가 스스로 배변 활동을 시작한 것은 아이가 고작 9개월이 되었을 때다. 매일 점심을 먹고 난 후 비슷한 시간에 카카kaka응가를 한 엠마였기에 시작은 어렵지 않았다. 엠마가 '카카'를 할 것 같은 행동이나 표정을 지으면 기저귀를 빼고 변기에 앉히기 시작했는데, 그 모습이 너무 귀여웠던 마리아는 '변기 사용' 횟수를 늘려나갔다. 물론 그 시간 동안 마리아는 아이에게 단 한 번도 강요하지 않았다.

"꼭 여기에 응가를 해야 해. 알았지?"

"유아용 변기에 볼일을 보지 않으면 혼날 거야!"

이런 말은 한 번도 한 적이 없다는 뜻이다. 아이가 실수했을 때도 얼굴을 찡그리거나 실망한 표정을 보이지 않았다. 어린 나이에 배변 가리기를 시작한 만큼 처음부터 완벽하게 적응할 수 없었을 테고, 스트레스를 주고 싶지도 않았기 때문이다.

"엠마, 넌 할 수 있어!"

엠마와 외출할 때에는 만일에 대비해 기저귀를 준비하거나 아예 채워서 나갔지만 마리아는 엠마의 움직임만 보아도 '아! 곧 카카Kakka 또는 피사Pissa소변를 하겠구나' 하고 알 수 있었다. 그럴 때는 근처 화장실로 데려가거나, 화장실이 없을 때에는 그냥 편하게 자연에서 일을 볼 수 있게 했다. 물론 소변일 경우에만!

현재 23개월인 아이는 의사 표현이 매우 정확해졌기 때문에 배변 활동은 완벽에 가까워졌다. 딱히 훈련을 시킨 것도 아닌데 말이다.

④ 괜한 걱정으로 기회를 빼앗지 않는다

마리아는 아이 때문에 지나친 걱정을 하지 않는다. 늘 에너지가 넘치는 엠마는 뛰어다니다가, 혹은 미끄럼틀을 타다가 얼굴이나 무릎에 상처가 나는 일도 많다. 그런 날은 조금 놀라기도 하지만 그렇다고 아이에게 '뛰지 마!', '살살 다녀', '좀 얌전해야지' 등의 말을 하지 않는다. 노는 것 자체를 금지시키지도 않는다. 물론 어른들은 당연히 아이에게 위험한 것에 대해 늘 상기시켜주어야 한다. 하지만 미리 걱정하느라 아이를 어른의 틀 안에 가두는 일은 없어야 한다는 것이 마리아의 생각이다. 아이를 키우는 동안 누구나 한두 번쯤 문제가 될 만한 모습을 목격하곤 한다. 엠마의 경우, 제대로 말을 구사하기 이전에 이따금 공격적인 성향을 보이는 단계가 있었다. 잘 놀다가도 다른 아이들을 밀치거나 물어뜯고, 심지어 때리기도 했다. 그 시기에 마리아는 엠마에 대해 굉장히 걱정했던 것이 사실이다. 아이의 폭력성물론 '폭력'이라는 말은 너무 오버스럽지만!이 더 커지면 어떻게 하나 걱정하며 그런 시기가 빨리 지나가기만을 바랐다. 다행히 그 단계는 별 탈 없이 지나갔다. 그 시기가 지난 뒤 생각해보니 폭력적으로 보일 수 있었던 행동들은 엠마가 말로 표현할 수 없었던 것에 대한 좌절감의 표현이었다는 것을 알게 되었다.

걱정하는 마음이 들 때도 있지만, 마리아는 대부분 엠마의 행동에 대해 과민하게 반응하지 않는다. 엠마가 규칙을 따르지 않을 때도 있고, 말을 듣지 않을 때도 있다. 때로 아이가 전혀 즐겁지 않아 보일 때도 있지만 마리아는 걱정하는 대신 가만히 내버려두는 편이다.

"어린아이들도 혼자 깊이 생각할 시간이 필요해요. 사람은 모두 감정에 따라 움직이게 마련이니 당연한 행동이죠. 어떻게 늘 웃기만 하고, 내 말을 잘 따르기만을 바라겠어요? 아이가 생각하는 것을 방해하는 건 자신을 스스로 계발할 수 있는 시간을 망치는 행위라고 생각해요. 대신 저는 다른 걸 걱정하죠. 아이가 아프지 않고 건강하게 자랄 수 있도록 하는 것! 부모가 해야 할 걱정은 이것뿐이에요."

me, too FINLAND

이 닦기, 옷 입고 벗기 등은 대부분 엠마가 혼자서도 해내는 일들이다. 하지만 이렇게 당연한 일을 거부하는 시기가 있게 마련. 그래서 마리아와 남편 피르카는 음식을 먹은 후에 왜 이를 닦아야 하고, 외출할 때에는 왜 옷을 입어야 하는지에 대해 계속 설명했다.

"꼭 해야만 하는 중요한 일들은 부모가 결정해요. 예를 들어 엠마는 잘하다가도 가끔씩 음식을 먹을 때 턱받이를 하지 않으려고 해요. 옷이 더러워질 수도 있겠죠. 하지만 그건 큰 잘못이라고 생각하지 않기 때문에 싫어할 때는 턱받이 없이 식사하게 합니다. 그러나 식사 예절은 아니에요. 턱받이를 하고 안 하고의 문제와는 다르죠. 음식을 던지거나 장난하는 건 절대 봐주지 않아요. 식사 예절에 대해서는 밥을 먹을 때마다 상기시켜줘요."

엠마는 아직도 잠들기 전에 공갈 젖꼭지를 물고 있다. 손가락을 빠는 것보다는 낫지만 이제 슬슬 끊어야 할 때가 되었다고 생각한다. 하지만 이 문제는 식사 예절을 가르치듯 단호하게 하지 않고, 탄력적으로 대처한다.

"어느 날 갑자기 아이 눈앞에서 완전히 제거하는 대신, 엠마가 스스로 쓰지 않게 되도록 도와야죠. 그렇게 되면 다람쥐 인형이나 코끼리 인형에게 공갈 젖꼭지를 주면서 아기 놀이를 할 수 있을 거예요. 이 공갈 젖꼭지는 네 거야! 라고 하면서 말이죠."

지금 마리아 가족은 곧 태어날 둘째를 기다리고 있다. 엠마가 쓰던 침대는 동생을 위해 새 단장을 한 상태이고, 엠마는 새로운 침대를 갖게 되었다. 동생이 태어난 후 잘 지낼 수 있도록 아기 인형 두 개를 가지고 연습을 시키는데, 처음에는 인형을 위에서 떨어뜨리곤 하더니 이제는 꼭 안아서 재워주기도 하고, 바구니에 담아서 같이 소풍을 가자고도 한다.

⑥ 넘쳐나는 육아 정보에 휘둘리지 않기

마리아는 자신이 어릴 때와 지금 현재의 육아에서 가장 큰 차이점은 인터넷이라고 생각한다. 온갖 육아 정보들을 클릭 몇 번으로 너무 쉽게 접할 수 있기 때문에 마리아 자신도 아이를 키우다 문제가 생기면 가장 먼저 인터넷 검색을 한다. 그러나 인터넷 정보가 항상 정답만을 주는 것은 아니라는 게 문제. 오히려 수많은 허위 정보들 사이에서 진짜를 찾는 일이 더 힘든 게 요즘 현실이다.

"과거에는 육아 정보를 공유할 수 있는 세계가 무척 한정되어 있었죠. 하지만 유용한 정보는 더 많았을 거예요. 조언이 필요할 때는 나보다 경험이 더 많은 엄마들에게 물어보고 생생한 정보를 전해 들을 수 있었잖아요. 시어머니는 요즘 모든 것을 너무 쉽고 빠르게 얻을 수 있다고 말하지만, 제 생각은 조금 달라요. 예를 들어 엠마의 카시트를 하나 고를 때에도 200가지가 넘는 제품 중에 하나를 선택해야 했고, 유모차 역시 1000개 이상의 제품 중에서 골라야 했거든요. 그때마다 넘쳐나는 정보의 홍수 속에서 선택하는 일은 보통 피곤한 일이 아니었어요."

물론 인터넷 정보를 모두 차단하고 과거의 방식대로 아이를 키울 수는 없다. 시대는 변하고 있고, 옳다고 믿었던 것들이 사실은 우리가 잘 몰라서 그렇게 생각했을 수도 있으니 말이다. 그래서 인터넷 정보에 의존하기보다는 지혜와 경험에서 우러나는 목소리에 좀 더 귀를 기울이고자 노력하고 있다.

[핀란드식 육아 트렌드]

① 핀란드 엄마들은 장난감을 사주지 않는다

저녁을 먹은 후 잠들기 전까지 엠마는 레고, 인형 놀이, 그림 그리기 등의 놀이를 하거나 공작용 점토 등을 가지고 논다. 마리아는 엠마에게 단 한 번도 장난감을 사준 적이 없다. 지금 가지고 있는 장난감 대부분은 마리아와 남편 피르카가 어릴 때 가지고 놀던 것이거나 혹은 친구와 가족들에게 선물로 받거나 물려받은 것이 대부분이다.

이건 마리아만의 특별한 상황이 아니다. 핀란드 엄마들은 대부분 아이에게 장난감을 많이 사주지 않는다. 그렇다 보니 핀란드에는 '국민'이라는 단어가 붙을 만큼 유행하는 장난감도 없고, 새로운 캐릭터도 잘 생기지 않는다. 대신 마리아는 한 달에 한두 권씩 책을 사준다. 마리아의 집에는 텔레비전도 없고, 부부가 아이와 함께 있을 때는 핸드폰을 사용하지도 않고, 핸드폰을 아이 근처에 두지도 않는다.

"아이에게 다채로운 장난감이 없다고 해서 지루할 거라 생각한 적은 없어요. 어른들은 같은 도구를 오랫동안 가지고 놀면 싫증이 나기도 하지만, 아이들은 아니에요. 새 장난감은 오히려 어른들을 위한 것이 아닐까요? 똑같은 장난감을 가지고 놀아주는 게 지루해서요."

마리아와 남편 피르카는 엠마가 '남자아이들이 가지고 노는 장난감'과 '여자아이들이 가지고 노는 장난감'을 모두 잘 가지고 노는 것도 무척 다행이라고 생각한다.

"아이를 기를 때 전통성과 함께 성性을 따지는 진부한 논리는 제 방식의 육아가 아니에요. 물론 엠마는 여자아이지만, 그전에 그녀는 이 세상에 하나밖에 없는 특별한 존재, 사람이기 때문이에요."

마리아가 부엌에서 일할 때 엠마는 가끔 소꿉놀이 그릇들을 가져와 엄마 옆에서 요리 놀이를 하고, 커피를 만들어주기도 한다. 그러나 대부분 혼자 논다. 가끔 부부가 함께 놀기도 하지만 '엄마랑 뭐하고 놀까?', '아빠가 뭐 도와줄까?', '같이 한번 해볼까?' 같은 질문은 하지 않는다. 아이가 같이 놀고 싶을 때에는 스스로 표현하기 때문이다. 대신 혼자 놀고 싶을 때에는 최대한 내버려두고, 지나친 간섭을 하지 않는 것이 좋다고 생각한다.

생후 3개월부터 1년 3개월이 될 때까지 아기 수영 교실에 다닌 엠마는 현재 일주일에 한두 번씩 걸음마를 배우는 아기 체조 교실에 다니고 있다. 이런 엠마의 취미 활동에 들어가는 돈은 대략 한 달에 50유로약 6만 5000원.

핀란드 아이들은 대부분 수영장에서 따로 강습을 받기보다는 호수에서 자유롭게 놀면서 물고기들처럼 금방 수영을 배운다. 하지만 바쁜 현대의 가족들, 특히 아이를 키우는 가족에게 수영은 다 함께 시간을 보낼 수 있는 좋은 취미 생활이 될 수 있다. 아이와 놀아주면서 동시에 자신의 건강까지 챙길 수 있기에 엠마가 튼튼하고 건강한 삶을 살길 바라는 의미에서도 마리아 가족은 수영을 계속할 생각이다.

② 천 번의 말로도 안 되는 교육이란 없다

"핀란드에서 부모가 아이를 때리는 것은 법에 저촉되는 행동이에요."

1984년, 핀란드 내에서의 체벌이 법으로 금지되었다. 그 이전 세대를 보낸 아이들의 어린 시절 경험에는 '엄마나 아빠가 머리카락을 잡고 흔들었다'는 공통점이 있었다. 법으로 체벌을 금지한 이후에도 체벌이 완전히 줄어들기까지는 시간이 걸렸다. 그러나 2008년 연구 조사에 따르면 1988년과 2008년, 즉 20년 동안 이른바 '부모가 자녀의 머리를 잡고 흔드는' 식의 체벌이 65%에서 무려 34%로 줄어들었다. 법의 심판이 제대로 먹힌 예다.

물론 헬싱키에서도 길에서 떼를 쓰며 우는 아이들을 종종 볼 수 있기는 하다. 유모차에서 내리려고 제 몸의 3분의 1을 밖으로 내놓은 채 소리 지르는 아이들도 많다. 어느 곳이건 아이들은 어쩔 수 없는 아이들인 것이다. 하지만 다른 점은 엄마나 아빠의 태도다.

말 안 듣는 아이에게 대처하는 부모의 유형은 크게 두 가지로 나뉜다. 하나는 아이가 울음을 멈출 때까지 기다려주는 유형, 다른 하나는 불편한 그 상황을 침착하고 조리 있게 설명하는 부모다. "내가 너 때문에 못 살아!" "자꾸 울면 너 놓고 가버릴 거야!" "당장 울음을 그치지 않으면 집에 가서 혼날 줄 알아!"와 같은 살벌한 어투는 단 한 번도 들어본 적이 없다.

그동안 내가 만났던 부모들은 모두 다 평균 이상으로 차분했는데, 그런 장면을 본 것이 매번 우연이라고 생각하지는 않는다. 나는 이곳 핀란드의 유치원에서 3개월 동안 인턴 교사로 일하기도 했는데 그때도 아이들을 대하는 부모나 교사들의 태도가 전혀 다를 바 없이 일맥상통한 것을 발견할 수 있었다.

보통의 핀란드 사람들과 마찬가지로 마리아는 엠마에게 천 번 이상 같은 말을 되풀이할지라도, 끈기를 가지고 설명으로만 가르친다. 물론 천 번까지 간 적도 없고, 갈 일도 없겠지만 말이다.

"자기 분노 때문에 아이들의 감정을 고통 속으로 밀어 넣을 순 없어요. 생각해보세요. 다 큰 어른들과 대화를 하다가 말이 통하지 않는다고 머리카락을 잡고 흔들거나 손찌검을 할 수 있나요? 아이들도 하나의 인격체예요. 가끔은 어른들보다 말을 더 잘 알아들을 때도 있어요. 말로 해도 충분합니다."

마리아가 생각하는 두 번째 육아 원칙은 엄격하고 확실한 규칙을 세우고 지키는 것이다. 부모로서 뜻을 굽히거나 구부러지지 않는 단호한 규칙 말이다. 언제나 사랑은 충분히 주되 경계를 잘 지어야 한다. 밑 빠진 독처럼 무조건적인 사랑만 준다면 오히려 아이를 망칠 것이다. 엠마가 행복한 사람, 그리고 괜찮은 시민이 되기 위해서는 규칙이 우선시되어야 한다고 믿는 까닭이다.

마리아의 가장 중요한 육아 원칙은 엠마를 매너 있는 사람으로 키우는 일이다. 아직 아기지만 어떤 상황에서든 '모이Moi' 또는 '헤이Hei 안녕하세요'라고 인사하게 하고, 감사함의 표시인 '키토스Kiitos'를 말하도록 매번 가르친다. 부모의 말에는 '요Joo 네'라고 바르게 대답해야 한다. 어느 정도 자라서 자신이 가르치는 많은 부분들을 흡수할 때까지 매너의 중요성에 대해서는 지속적으로 이야기할 것이라고도 했다.

또 핀란드 엄마들은 아이들에게 '미타 사노탄Mitä sanotaan?'이라는 말을 문장 끝에 항상 붙인다. 이 말은 '뭐라고 말해야 하지?'라는 뜻으로 '고맙습니다, 잘 먹겠습니다, 안녕히 가세요, 안녕하세요?' 같은 기본적인 예의를 가르치기 위한 말이다.

③ 구식 육아법이 돌아왔다

핀란드 사람들은 오래전부터 한겨울에도(영하 10도 이하로 떨어진 날씨가 아닌 경우에만) 아기를 베란다에 내놓고 낮잠을 재우곤 했다. 옷을 겹겹이 입힌 뒤 유모차에 뉘어 한 시간에서 한 시간 반 정도 재웠는데 이런 옛날 육아법이 다시 트렌드가 되고 있다. 아이들이 실내보다는 실외에서 세 배 정도 잠을 더 잘 잔다는 분석 결과 덕분이다.

아기들은 푹신하게 입은 옷 속에서 편안함과 안정감을 느끼기 때문에 중간중간 깨거나 뒤척이지 않고 더 깊이 자게 된다. 게다가 겨울의 공기는 여름보다 촉촉하고 깨끗해서 아이들의 호흡기에도 좋은 영향을 미친다.

이외에도 핀란드 엄마들은 최근 들어 천 기저귀를 사용하거나 베이비슬링포대기 사용이 늘어났으며, 다른 나라와 마찬가지로 친환경 제품에 대해 호들갑스러울 정도로 관심을 보이고 있다.

[맞벌이 부부의 육아]

① 절반의 양육 분담

마리아는 엠마가 첫돌이 지났을 때 병원으로 복직했다. 하지만 24시간 내내 아이와 붙어 있다가 혼자 두고 나가 일할 생각을 하니 좀처럼 발이 떨어지지 않을 것 같았다. 그런 기분으로는 일이 손에 잡히지 않을 게 뻔했다.

그래서 복직 초기에는 남편과 일을 나눠 시작했다. 남편은 일주일에 사흘을, 마리아는 일주일에 이틀만 일하면서 엠마와 최대한 많은 시간을 보냈다남편 피르카는 다른 병원에서 근무하고 있었지만, 근무 시간을 조정하는 것이 가능했다. 그러다 엠마가 조금씩 적응한 뒤에 마리아가 일하는 날을 사흘로 늘렸다.

"남편과 함께 육아를 분담하면서 서로의 일을 포기하지 않고도 엠마와 보내는 시간을 충분히 가질 수 있었기 때문에 모두에게 완벽한 결정이었어요."

현재 그녀는 병원 응급실에서 일하는데 일주일에 네 번 일하고, 한 달에 세 번씩 야간 근무를 한다. 대신 아이를 돌보는 유모를 고용했다. 업무 스케줄은 병원 내 다른 의사들보다 훨씬 여유로운 편이고, 조금 일하는 까닭에 월급도 적게 받지만, 일에 치이지 않고 엠마와 시간을 보낼 수 있으므로 최선이라고 생각한다.

출근하는 날은 늦은 시간까지 유모가 엠마를 돌본다. 유모는 자신이 돌보고 있는 또 다른 남자아이를 데려와 두 아이를 함께 돌보는데, 이런 상황을 엠마가 진심으로 좋아하고 있다는 것을 마리아는 잘 알고 있다. 게다가 마리아 역시 형제가 없는 엠마에게 좋은 친구가 생겨 다행이라고 생각한다.

엠마가 유모와 함께 시간을 보내는 동안 무척 편안하고 행복해 보이기 때문에 현재의 선택을 후회한다거나, 엠마를 위해 일을 더 줄여야 한다는 생각은 하지 않는다. 또 엄마 없는 시간, 그 빈자리가 미안하다거나 아이에게 상처가 된다고 생각하지도 않는다. 중요한 것은 아이가 자신의 상황을 건강하게 받아들이도록 하는 것이라고 믿는다. 일과 육아를 병행하면서 두 가지 모두를 완벽하게 해낸다는 것은 어차피 불가능한 일일 테니까.

아이가 성인이 되어서도 역시 한 가지에만 초점을 맞춰 지나치게 치우친 삶을 살지 않았으면 하는 바람을 가지고 있다. 가족과 일, 친구 그리고 다른 부분들까지 균형을 맞추며 살아갔으면 하고 바라는 것. 스스로 행복을 느끼고 다른 사람들도 행복하게 해줄 수 있는 사람으로 자랄 수 있다면 더 이상 바랄 게 없다고 생각한다.

② 양가 부모님의 도움

일주일에 나흘만 일하는 마리아가 집에서 쉬는 날에는 유모도 출근하지 않기 때문에 마리아의 친정어머니가 일주일에 한 번, 많게는 세 번까지 그녀의 집을 방문해서 엠마와 함께 공원이나 놀이터로 가곤 한다. 어머니가 있는 두어 시간 동안 완벽한 자유를 얻은 마리아는 그 시간에 낮잠을 자거나, 책을 읽고, 신문을 본다. 때때로 마리아와 남편이 모두 늦는 날은 저녁 시간 내내 친정어머니가 아이를 돌봐주기도 하고, 친정어머니에게 사정이 있는 날은 시부모님이 맡아준다.

마리아가 출산 전과 지금을 비교해 가장 그리운 것은 따로 계획하지 않은 상태에서 충동적으로 레스토랑에 가곤 하던 일이다. 아이를 낳은 후, 그녀는 불과 몇 시간

외에는 자신을 위한 시간을 쓸 수 없다. 그마저도 아이가 잠든 뒤에나 가능한 일이다. 대신 한 달에 한 번 정도 남편과 데이트를 한다. 레스토랑에서 함께 식사를 하는 정도의 여유 시간이지만, 그동안 밀린 부부만의 대화 시간을 갖기에는 충분하다. 그런 날 역시 엠마는 양쪽 부모님들의 몫이 된다.

"한두 달에 한 번씩 저희 부모님이 엠마를 데려가서 이튿날까지 봐주세요. 엠마가 첫 손주라 그런지 서로 돌봐주고 싶어 하죠. 시부모님도 아이를 다정하게 챙겨주지만 아무래도 친정엄마에게 맡길 때 마음이 더 편해요. 시부모님을 좋아하고 좋은 관계를 유지하고 있지만, 친정 부모님만큼 친밀한 관계는 될 수 없는 것 같아요."

핀란드에서도 한국처럼 양가 부모가 아이를 돌봐주는 경우가 많다. 하지만 핀란드의 경우, 남녀 할 것 없이 은퇴할 때까지정년 남자 만 63 ~ 68세, 여자 만 65세 직장에 다니는 집이 많아서 이 역시 쉽지는 않다. 물론 부모가 은퇴했다 하더라도 책임감을 가지고 반드시 도와주어야 한다는 분위기는 전혀 아니다. 대부분 은퇴 이후에 대한 그림을 미리 그려두거나, 새로운 취미 활동을 하면서 노후를 짜임새 있게 보내는 사람들이 많기 때문에 손주 육아를 자신들이 떠맡아야 한다는 생각을 가지고 있지 않은 것이다.

다행히 마리아의 친정어머니는 엠마를 낳고 병원에서 퇴원하자마자 일주일 내내 집으로 찾아와 청소와 빨래를 도맡아 해주었고, 음식도 준비해서 가져다주었기 때문에 큰 도움이 되었다. 엠마가 태어날 때부터 약 6개월간 계속된 친정어머니의 도움은 육체적인 것뿐만 아니라 심적인 부분에서도 큰 힘이 되었다. 특히 "너도 엠마와 비슷했어" "너도 많이 울었어" "어제 잘 먹었어도 오늘 잘 안 먹기도 해" 등등의 이야기를 들을 때 큰 위안을 얻었다.

③ 집안일, 생활비도 더블 플레이

마리아와 남편 피르카는 집안일을 함께한다. 요리와 식료품 쇼핑 그리고 세탁물 정리는 마리아가, 전자 제품을 손보고 벽에 못을 박는 일, 무거운 짐을 나르는 일 등은 남편이 한다. 하지만 기본적으로 일을 정확히 나눠서 분담하기보다는 서로 도우면서 함께하는 편. 살림에 드는 비용은 두 사람의 월급을 생활비 지출을 위한 공동 계좌에 넣어 관리한다. 마리아와 남편의 수입이 매달 조금씩 다르기 때문에 어떤 달은 마리아가 공동 계좌에 조금 더 많은 돈을 넣고, 어떤 달은 남편이 더 넣는 식의 유동적인 관리를 하고 있다.

"저와 피르카의 소득은 핀란드 평균보다 조금 높은 수준이어서 우리가 필요로 하는 모든 것을 사용하고도 따로 저축을 할 수 있어요. 하지만 우리는 원한다고 해서 모든 것을 사지는 않아요. 다른 사람들이 다 가지고 있다는 이유로 무조건 사는 법이 없고, 돈이 있다고 쉽게 사지도 않아요. 공동 계좌에 넣지 않은 돈은 각자 자유롭게 사용하면서 상대방의 소비에 대해 상관하지 않지만, 둘 다 낭비는 하지 않아요. 미래에 크게 돈 쓸 일이 생길 것을 대비해 항상 아끼는 편이지요."

me, too FINLAND

[가족 모두의 행복, 라이프스타일]

현재 이 가족이 살고 있는 집은 임대 아파트다. 신혼 때 살던 아파트가 같은 동네에 있지만 엠마가 태어난 이후 좀 더 넓은 공간의 집이 필요했다. 두 번째 집을 새로 사지 않고 월세를 택한 이유는 신혼집을 대출로 구입해 지금도 그 돈을 갚아나가고 있기 때문이다. 비록 내 집이 아니지만 부부는 시내까지 자동차로 10분 정도밖에 떨어져 있지 않으면서 완전히 독립된 느낌을 가질 수 있는 현재의 집이 무척 마음에 든다. 무엇보다 주변에 나무가 많다는 것도 엠마를 키우기에 적합한 환경이라 여긴다.

"엠마가 독립해 자기 방을 쓰게 되면서 여러모로 편해졌어요. 그래도 이 집에서 제가 제일 좋아하는 공간은 부엌이에요. 요리를 하는 곳이고, 가족들과 함께 식사하는 중요한 공간이잖아요."

마리아 집의 가구들은 크게 이케아IKEA와 아르텍Artek핀란드 건축가 알바르 알토Alvar Aalto가 그의 아내 디자이너 아이노 알토Aino Aalto와 1935년에 만든 핀란드 가구 회사 두 가지로 나뉜다. 특히 그녀는 아르텍을 좋아하는데 단지 스타일 때문은 아니다. 좋은 나무와 질 좋은 가죽을 사용해서 내구성이 뛰어나다는 것. 심지어 1950년대 혹은 1960년대에 샀던 아르텍 가구를 매장으로 가져가면 다시 리노베이션해줄 정도란다. 거실에는 일마리 타피오바라Ilmari Tapiovaara 의자도 하나 있다. 마리아가 가장 좋아하는 디자이너의 제품인데 꼭 여섯 개를 모으겠다는 다짐으로 일단 한 개를 샀다고 했다.

"가격이 비싸서 하나밖에 못 샀어요. 그것도 인터넷 중고 사이트에 올라온 걸 발견

했고, 좋은 가격으로 구매했죠. 새것을 사기에는 조금 부담되니까요. 하지만 시작이 반이라고 언젠가는 여섯 개를 모으지 않을까요?"

마리아 집의 저녁 식사 시간은 오후 4시 30분에서 5시 사이. 저녁이 일러 오후 7시쯤 간식 시간을 따로 갖는다. 평소 즐겨 먹는 음식은 생선과 으깬 감자, 딜 그리고 핀란드 가정식 메뉴 중 하나인 마카로니라티코Makaronilaatikko다. 학교 급식 메뉴로도 자주 나오는 이 음식은 마카로니와 다진 쇠고기, 양파, 달걀, 우유, 소금과 후춧가루 그리고 간 치즈를 넣어 오븐에 넣고 200도에서 30~40분 익혀 만든다. 핀란드에서는 흔한 연어 역시 마리아의 식탁에 자주 올라오는 음식이다.

아직 어린 엠마도 별도의 메뉴가 아닌 가족 식단에 맞춰 함께 먹는다. 캐릭터가 그려진 유아용 세팅 같은 것도 필요 없다. 대신 식사 전에 오이, 토마토, 당근 등의 채소를 먼저 주는 정도로만 아이 식단을 관리한다. 채소와 과일을 조금 더, 골고루 먹이려고 노력하는 것이다.

채소나 과일을 줄 때는 그저 투박하게 썰어서 엠마의 테이블 위에 자유롭게 놓아준다. 아이는 손으로 만지작거리면서 노는 것처럼 보이지만, 이내 입속에 넣고 채소 그대로의 맛을 느낀다. 마리아의 집 발코니에는 작은 방울토마토 화분이 있는데 엠마는 그렇게 직접 키우는 열매를 따먹는 것도 무척 좋아한다.

"고작 몇 개의 열매를 위해 많은 시간과 물을 투자하죠. 하지만 엠마가 좋아하니까 계속 재배할 거예요. 방울토마토 외에 다른 채소들도 더 키워볼까 생각 중이에요."

핀란드의 무료 조산원인 네우볼라Neuvola에서는 아이의 시기와 나이에 맞게 먹여야 할 음식들을 권고하고 있는데 그중 첫 번째가 모유 수유, 생후 4개월에서 6개월

사이에는 과일과 채소 일부를 맛보게 하라는 것이다. 그다음에는 곡류와 달걀, 고기를 먹게 하고, 생후 1년이 되기 전에는 유제품을 먹게 한다.

핀란드 아기들은 당근이나 고구마, 감자로 이유식을 시작하고 대부분이 푸로Puuro 보리, 호밀 가루 또는 귀리를 따뜻한 우유나 물에 부어 걸쭉하게 만든 음식를 먹는다. 마리아 가족의 경우, 식후 디저트는 거의 먹지 않는 대신 저녁 식사 이후에 부드럽고 영양 많은 푸로를 간식으로 먹기 때문에 속을 편하게 해주면서도 포만감을 느낄 수 있다고 한다.

켈라와 네우볼라에 대해 조금 더!

켈라

켈라Kela는 칸사네라케라이토스Kansaneläkelaitos의 줄임말로, 직역하면 '사회보험기관'이라는 뜻이다. 국민들은 도움이 필요할 때 누구나 사회로부터 적합한 도움을 받을 수 있으며 빈부 격차가 비교적 적은 덕분에 사회제도를 제대로 누릴 수 있다. 우선 실업자가 되었거나 몸이 아파 치료를 받아야 할 경우 이 제도를 최대한 활용하여 혜택을 받을 수 있다. 또 아이가 있는 모든 가정에 매달 약 100유로(약 13만 원) 정도의 보조금을 지급한다.

핀란드에서는 대부분 무상으로 진료를 받을 수 있으며 유료인 경우에도 그 가격이 무척 합리적이다. 그녀는 강한 어조로 말을 이어갔다. 예를 들어 당뇨병을 앓고 있으며, 인슐린이 필수인 환자는 치료에 필요한 모든 약을 제공받고 1년에 한 번씩 정기 검사를 받을 수 있다. 검사 시에는 발, 눈, 장기와 단기 혈당을 체크해준다. 필요한 경우 더 세밀한 검사를 실시하기도 한다. 기본 진료비만 내면 병원 진료가 가능하고, 약국에서 인슐린을 제공받을 때 역시 기본 상담비만 낸다. 나머지는 모두 켈라에서 부담하기 때문이다.

네우볼라

네우볼라Neuvola는 핀란드 내 모든 임신부들과, 0세부터 초등학교 입학 전까지 아동들의 건강 상태를 정기적으로, 그것도 무료로 체크해주는 조산원이다. 임신부들은 임신 기간에 필요한 모든 조언과 지침서를 안내받는다. 마리아도 임신 기간에 네우볼라의 권고에 따라 영양학으로 금하고 있는 음식을 전혀 먹지 않았다. 네우볼라에서 금지하는 음식으로는 날생선, 몇 종류의 크림과 치즈, 버섯 그리고 강꼬치고기와 짐승의 간 요리 등이었다. 간호사 또는 조산사와 의사가 아이의 발달 과정을 주기적으로 지켜보는데 아이가 잘 자라고 있는지, 이상 행동을 하고 있지 않는지를 확인하고 아가 수첩에 꼼꼼히 기록해준다.

학교에 입학한 아이들은 네우볼라가 아닌 학교에서 건강 관리를 해준다. 대학생들은 학교 지정 병원에서, 직장인들은 회사 지정 병원에서 치료받을 수 있다. 진료비는 바로 회사에서 처리해준다. 때문에 어린아이 때부터 직장 생활을 하는 동안까지 특별히 기다릴 필요 없이 빠른 치료를 받을 수 있다. 하지만 퇴직한 사람들은 조금 상황이 달라진다. 그들은 비용이 많이 드는 개인 병원 대신 퍼블릭을 선택해야 한다. 퍼블릭은 무료이지만, 미리 예약을 해야 하고 기다려야 한다. 특정 치료가 필요한 경우에는 응급 상황이 아니면 몇 주에서 길게는 몇 달씩 기다려야 한다. 그래도 다른 나라와 비교했을 때 몸이 아프거나 고통스러운 상황을 그대로 방치해서 죽음에 이르는 경우는 거의 없다는 점이 다르다.

[마리아가 말하는 핀란드 & 핀란드 사람들]

마리아는 핀란드 사람들이 사리 분별에 밝으며 일리 있는 행동을 한다고 말했다. 이는 핀란드 사람들이 어떤 행동을 하든 다 이유가 있고, 그 이유는 앞뒤가 맞다는 뜻이기도 하다. 하지만 장점의 나열은 여기까지였다. 핀란드 사람들의 고질적인 단점들도 많은데 특히 '도움'에 관해서 하고 싶은 이야기가 많다고 했다.

"핀란드 사람들은 도움받는 것을 별로 안 좋아해요. 그걸 일종의 빚이라고 생각하죠. 상황이 이렇다 보니 남에게 도움을 주는 것도 꺼려요. 상대방이 도움받는 걸 좋아하지 않을 거라 미리 짐작하고 피하는 거죠. 예를 들어 내가 어떤 사람을 도와주려고 호의적으로 다가갔는데 표정이 상기된 채 혼자 할 수 있다고 말해버리면 도와주고 나서도 외려 기분이 나쁘잖아요. 상대방이 '도와주셔서 감사합니다!'라고 정중히 말한다면 주고받는 사람이 모두 기쁠 거예요. 하지만 이상하게도 핀란드 사람은 그게 잘 안 되는 국민이에요. 도움을 받아도, 혹은 주어도 죄책감을 느끼게 되는 거죠. 격하게 표현하자면 정말 한심해요."

핀란드에는 이런 말이 있다.

'Kiitollisuuden velka.'

이를테면 '감사의 빚'이라는 뜻이다.

마리아는 자신들의 낡고 오래된 문화에 대해 신랄하게 비판했다. 그렇다면 그녀가 진짜 하고 싶었던 말은 이런 게 아니었을까.

"도움을 주고 싶어요. 상대방이 제대로 받는다면!"

"도움을 받고 싶어요. 그게 빚이 아니라면!"

[좀 더 하고 싶은 말들]

핀란드 병원이 세계 최고 수준이라고는 말할 수 없다. 하지만 내가 핀란드에서 만난 의사들은 모두 다 그렇지는 않지만 20분이건 30분이건 속 시원한 답을 얻고 웃으며 나갈 때까지 환자들을 진실한 마음으로 대한다. 환자와 같은 마음으로 그들의 고민을 함께 느껴보려는 노력이 늘 보인다. 의사들의 그런 자세 덕분에 환자들은 병원을 찾아 상담만 받아도 벌써 치유된 듯한 착각을 느낄 때가 있다.

뿐만 아니라 필요하지 않다고 생각하면 이것저것 과한 검사를 권하지도 않고, 약을 함부로 조제해주지도 않는다. 사실적이며 양심적이다. 이것도 마음에 든다. 게다가 의사 특유의 권위적인 면도 보이지 않는다.

마리아와의 인터뷰를 끝낸 뒤 나는 핀란드 의사들을 더 신뢰하게 될 것 같다는 생각이 들었다. 교육에 관해서는 물론이고, 자신의 일상에 대해서도 전혀 꾸밈없이 이야기하는 그녀라서 더욱 믿음이 갔다.

"나는 반폴란드인이니까 폴란드에 가서 살면 자연스러울 것 같다는 생각을 해봤어요. 남편 피르카가 다른 나라에서 펠로십을 하는 것도 괜찮을 거라는 생각이 들고요. 하지만 우리가 다른 나라로 이사할 일은 없을 거예요. 왜냐하면 이곳에는 나의 친구들과 가족들이 있고, 무엇보다 핀란드는 그 어느 곳보다 안전한 나라니까요."

마리아는 자신을 포함해 가족 모두 그리고 자신의 손이 닿는 환자들마다 건강한 삶 속에서 살아갈 수 있도록 최선을 다하겠다는 포부를 밝혔다.

자연을 연주하는 헬싱키 사람들

자연과 가까울수록 자연을 더 갈구하게 된다. 없으면 없는 대로 사는데, 있으니까 더 찾게 되는 심사랄까? 조금 신기한 체험이지만 내게도 그런 순간이 오고야 말았다. 이쯤 되니 해가 지지 않는 백야의 여름이 오면 핀란드 사람들이 왜 깊숙한 숲 속, 각자의 묘키Mökki로 들어가 2주에서 길게는 한 달 가까이 도시로 나오지 않는지 충분히 이해된다.

사람들은 여름이 되면 묘키 근처의 호수에서 수영을 하고, 사우나를 즐기며 겨우내 묵혀두었던 수다를 풀어내느라 바쁘다. 나무와 나무 사이에 묶인 해먹에서 단잠을 자거나 책을 읽는다(핀란드 인구의 7% 이상이 개인 묘키의 주인이다. 가족들과 다 같이 사용하기 때문에 실질적으로 사용하는 인구는 7%보다 월등히 높을 것이다. 묘키 주인의 평균 연령대는 60대 이상. 묘키는 또 하나의 집과 마찬가지이기 때문에 젊은 사람들은 소유하기 힘들다).

핀란드 사람들은 멀고 먼 오래전부터 광활한 자연 속에서 살아왔다. 인구는 적고, 대지는 넓으니 빽빽하지 않게, 드문드문 살 수 있었다. 이들에게 자연은 의지의 대상이자 살아갈 수단이었다. 지금도 핀란드 학교에서는 숲에서 길을 찾는 법, 길을 잃었을 때 대처하는 법, 제대로 된 버섯을 고르는 방법 등 전통적으로 내려오는 교육을 하고 있다. 베리와 버섯을 자유롭게 따먹으며 살아 있는 자연에서 야영을 즐기는 등 핀란드 특유의 환경을 고려한 생활의 지혜를 어릴 때부터 익히는 것이다. 겨울에는 눈 쌓인 자연에서 썰매를 타고 크로스컨트리 워킹을 한다. 여름에 수영하던 호수는 겨울이면 자동적으로 스케이트장이 된다.

무엇을 하든 인공적인 것이 없다. 자연에다 굳이 인위적인 놀이 공간을 만들지는 않는다. 핀란드 사람들은 자연을 끔찍이 사랑하며 자연에 대해 근엄한 태도를 보이기도 한다.

언젠가 전원생활을 하는 핀란드인의 인터뷰 기사를 읽은 적이 있었다.

"나는 지역 최고의 사냥꾼이나 낚시꾼이 될 필요가 없다. 내가 필요한 만큼만 잡으면 충분하니까."

더 많이, 더 큰 것을 바랄 필요가 없다는 뜻이다. 내게 알맞은 정도만 있으면 된다는 뜻이다. 이들이 기대치를 자꾸 높이지 않고, 우쭐해하지 않는 이유 중에는 자연에서 받는 힘이 크게 작용한다고 생각한다. 이런 자연의 맛을 보았기 때문에 더 잘 지켜나가려고 애쓰는 것이 아닐까?

물건을 재사용하고 건물을 함부로 짓거나 부수지 않는다. 자연이 가진 양날의 검을 알기 때문이다. 순간의 이익을 위해 자연에다 얄팍한 수법을 쓰지도 않는다. 거대한 자연 전체를 바라보는 국민의 마음이 서로 닿아 있는 것이다. 모두 다 편안하게 쉬고 누릴 수 있도록 지켜나가야 한다는 당연한 이치를 실천하며 살아가고 있는 것이다.

이런 자세야말로 자연에 베풀 수 있는 가장 큰 미덕이 아니겠는가. 도시에 솟구치는 고층 건물의 원대한 꿈을 세우는 대신, 자작나무들이 살아 숨 쉬는 자연의 땅 핀란드. 그래서 나는 매 순간, 땅 위에서 해독되고 있는 나를 느낀다.

me, too FINLAND

수산나와 카트야는 동성 부부

: 진짜 사랑에는 이유가 없는 거야! me, too!

[그 여자와 그 여자, 부부가 되다]

핀란드에서는 2002년 3월 1일, 동성 결혼이 합법화되었다. 2015년 3월을 기준으로, 혼인 신고를 한 동성 커플은 총 2212쌍. 그중 남성 동성애자 커플은 905쌍이고, 여성 동성애자 커플은 1307쌍이다. 수산나는 2003년, 동성의 배우자 카트야와 약혼을 했다. 지인을 통해 알게 된 두 사람은 헬싱키에 있는 작은 아파트를 구입해 함께 살기 시작했고, 동거한 지 2년이 지난 2005년에 혼인 신고를 거쳐 정식으로 부부가 되었다.

수산나와 카트야 커플은 2007년, 병원에 기증된 정자를 제공받아 시험관 시술로 딸 엘리를 낳았다. 핀란드에서는 22~45세 남성 가운데 질병 내력이 없고, 건강한 유전자임을 확인받은 후 정자를 제공할 수 있다. 시험관 시술은 두 가지로 나뉘는데 남편의 정자를 제공받았을 경우에는 1819~2158유로^{약 230~270만 원}의 비용을 내야 한다. 수산나처럼 모르는 사람의 정자를 제공받았을 경우에는 2470유로^{약 310만 원}의 비용이 든다. 인공수정은 이보다 조금 더 비싼 3950유로^{약 500만 원}다.

수산나는 여느 핀란드 여자들처럼 출산 4주 전까지 다니던 직장에서 일을 했다. 임신 전에는 아침을 커피로만 때웠는데 임신 후에는 꼬박꼬박 아침을 먹었고, 먹는 양도 조금 늘렸으며 잊지 않고 비타민을 복용했다. 수산나의 경우, 이런 변화를 제외하고는 임신과 출산에 대해 덤덤했던 편이다. 반대로 카트야는 모든 정보를 정확히 알고 싶어 했다. 임신 소식을 알자마자 유명한 저자의 육아 서적을 한 권 샀고, 각종 정보를 수집하기 시작했다.

"카트야에겐 미안하지만 나는 그 책을 제대로 읽어본 적이 없어요. 엄마가 되는 과정을 책과 인터넷으로 준비하고 싶지는 않았죠. 내 신체와 감정의 반응을 통해 알고 싶었어요. 출산을 위한 운동이나 산모 요가도 다니지 않았지요. 막달에는 몸이 무거워서 잘 움직일 수 없었기 때문에 하루에 한 가지 일만 겨우 할 정도였어요."

출산이 얼마 남지 않았을 때 카트야는 수산나를 위해 출산할 때 도움이 될 만한 편안한 의자 하나를 디자인해서 완성시켰다이 '산모를 위한 의자'는 카트야의 대학 졸업 논문 주제이기도 했다. 그런데 분만실에 가져다 놓은 그 의자에 앉는 것을 시도하기는 했지만, 안타깝게도 아이를 낳은 것은 결국 병원 침대 위였다. 그렇게 딸 엘리를 낳았다.

[수산나 & 카트야 식 양육법]

① 보채지 않는 스스로 어린이, 엘리!

엘리는 세 살 때부터 자기 방에서 혼자 자기 시작했다물론 나쁜 꿈을 꾸거나 아플 때는 수산나와 카트야 사이에서 자기도 하지만. 엘리는 자기 방을 스스로 치우고, 수산나를 도와 청소기를 돌리기도 한다. 고사리 같은 손이지만 가지고 놀던 카드들을 정리하고 침대에 있는 인형들, 책상에 있는 책들을 책장에 꽂을 땐 어른 못지않게 손이 빠르고 야무지다. 빵을 굽는 날이면 요리하는 카트야 옆에 바짝 붙어서 유심히 보며 따라 하기도 한다. 독립심을 길러주기 위한 습관 만들기는 가정에서도, 유치원에서도, 학교에서도 동일하게 지키는 원칙이다. 누구도 나서서 도와주려 하지 않으니 아이는 자연스럽게 혼자 하는 법을 터득하게 되고, 스스로 즐기기 때문에 칭얼거림도 덜하다. 적어도 핀란드 부모들은 그렇게 키우는 것이 옳다고 믿고 있다.

수산나 역시 여느 핀란드 부모처럼 아이에게 조금 엄격한 편이다. 정해진 규칙을 잘 따르며 집에서는 부모님 말씀을, 학교에서는 선생님 말씀을, 밖에서는 다른 사람들의 말을 새겨들으라고 가르친다.

엘리가 규칙을 어기거나 말을 듣지 않으면 나이와 시간에 비례해 벌을 받는다세 살 때는 3분 동안 조용히 의자에 앉아 반성하게 했고, 다섯 살 때는 5분 동안 반성하게 했는데 놀랍게도 엘리한테 이것이 통했다. 엘리는 자기 생각을 뚜렷하게 내세우는 편이라, 무분별한 억지 주장을 가라앉히기 위해서는 지금처럼 혼자서 조용히 반성하게 하는 방법이 필요하다고 생각한다.

② 사교육? 그저 노는 것

수산나 가족이 필리핀에 살았을 때다. 두 살밖에 안 된 현지 아이들이 글자를 배우는 모습을 보았다. 그 옆에서 아무 생각 없이 노는 딸 엘리와 비교하면 극명한 차이였다. 지금도 엘리는 대부분의 시간을 집 앞 놀이터에서 보낸다. 수산나는 1학년 첫 학기를 다니는 아이에게 줄 수 있는 가장 큰 선물이 친구들과 함께 학교에서 공부를 하고, 수업 후에는 함께 노는 것이라고 말했다. 방과 후 대부분의 시간을 학원에서 보내는 한국의 아이들과는 확실히 다르다.

엘리가 학교에서 어떤 공부를 하는지, 어떤 숙제가 있는지 엄마 수산나는 인터넷 사이트 윌마Wilma 핀란드 내 학교들은 윌마라는 인터넷 홈페이지를 통해 현재 학습 진도 상황, 아이의 학교생활, 과제, 준비물, 선생님의 전달 사항들을 알 수 있다. 수산나는 이것이 과거와 비교했을 때 크게 개선된 스쿨 시스템이라며 아이의 학년이 낮을수록 엄마들이 편리하게 이용한다고 엄지를 치켜세웠다를 통해 확인할 수 있다. 아직 공부할 분량이나 숙제가 많지 않아서 아이 혼자 할 수 있는 숙제는 스스로 하게 두고, 일부만 수산나가 돕는다.

③ 공교육? 무조건 믿는 것

핀란드 사람들은 공교육을 믿는다. 나이에 맞는 합리적인 교육법을 적용하고 있기 때문에 아이들은 조금씩, 무리 없이 흡수한다. 서두르지 않고, 경험을 바탕으로 지식을 심어주는 것은 부모의 몫이자 핀란드 스타일 교육의 핵심이기도 하다.

핀란드의 초등학교 저학년 학생들 대부분은 수업이 끝나면 학교 안에 있는 오후 클럽에 간다. 엘리 역시 그곳에서 과제를 하거나 스포츠, 미술, 게임 등을 하며 시간을 보낸다.

수산나는 퇴근 후 오후 4~5시쯤 아이를 데리러 가는데, 그때까지 아이 걱정을 하지 않고 일할 수 있다. 수산나는 엘리가 나중에 전공이나 직업을 선택할 때 아이의 뜻에 맡길 거라고 말했지만, 이것만큼은 꼭 물어볼 것이라고 했다.

"네가 선택한 길로 너의 삶을 스스로 책임질 수 있는지 확신하니?"

④ **엘리의 취미 생활**

그림 그리기를 좋아하는 엘리의 방문과 벽에는 창의력이 빛나는 그림들이 붙어 있다. 어린아이라면 한 번씩 품게 되는 '그림 그리기'에 대한 관심 정도에 머무는 것이 아니라, 남다른 감각이 느껴진다. 그래서 엘리가 계속 그림을 좋아하고, 재능까지 더해진다면 지원해주지 않을 이유가 없다고 수산나는 말한다. 교내에서 미술반을 선택해 배울 것인지에 대해서도 딸과 이야기해볼 생각이라고 한다.

엘리는 헬싱키에서 대학생들이 가르치는 어린이 과학 교실 수업을 들은 적이 있었다. 실험을 좋아하는 호기심 소녀 엘리는 수업 내내 눈을 반짝이며 즐겁게 참여했다. 덕분에 수산나는 벌써부터 다음 코스 수강 신청을 기다리고 있다. 이번에는 과학 교실뿐만 아니라, 화학과 지리학 교실도 함께 신청할 계획이다. 과학 교실 전에는 댄스 교실에 다녔는데 왠지 마지못해 하는 것 같은 느낌이 들어 그만두게 했다.

엘리는 아직 규칙적인 취미 생활을 따라가지 못하고 힘들어한다. 옆집 이웃 아이가 일주일에 네 번씩 스케이트를 배우러 다닌다는 얘기를 듣고 엘리에게 권한 적이 있었는데 "저는 아직 어려요. 집에 있고 싶어요"라고 말했고, 수산나는 아이의 의견을 존중하기로 했다.

"모든 아이들이 저마다 좋아하는 것도, 그것을 즐기는 방법도 다르기 때문에 다양한 것들을 배우고 접할 기회들을 많이 만들어주어야 한다고 생각해요. 물론 강제적인 것이 아닌, 자유로운 분위기안에서요."

⑤ 최상의 복지 제도를 누리는 육아

결혼한 여성들이 가장 중요하게 생각하는 게 무엇일까? 임신부터 출산 그리고 육아를 어떻게 풀어나가느냐의 문제가 아닐까. 핀란드 복지 제도는 그런 면에서 완벽하다. 핀란드 여성의 삶은 여러 방면에서 안정적이고 평등하다. 육아를 하면서도 일에 집중할 수 있도록 촘촘하게 짜인 복지 제도는 삶의 원동력이 된다. 엄마들은 걱정 없이 아이를 키우면서 혜택을 받고, 아이들은 너 나 할 것 없이 평등하게 교육을 받는다. 아이가 생긴 뒤 개인의 삶보다 엄마의 삶에 더 초점이 맞춰졌다고 말하는 수산나. 그녀는 출산 후 다니던 회사에서 육아 휴직을 충분히 받았기 때문에 아이를 키우는 데 시간적으로 쫓기지 않았다. 그도 그럴 것이 핀란드 내 회사들은 육아 휴직으로 여성들이 해고되지 않도록 법적인 장치를 만들어두었다. 다른 나라의 경우, 사장이나 회사 사정을 고려해 눈치 보며 육아 휴직에 대해 상의하고 사용해야 하는 반면, 핀란드에서의 육아 휴직은 당연히 지켜야 할 권리이며, 복귀 역시 당당하게 할 수 있다.

"핀란드 정부에서 복지 예산을 줄이려고 육아 휴직 기간을 조율하려 해요. 하지만 엄마들은 여전히 아이를 어느 정도 키우는 데는 1년 이상의 시간이 필요하다고 생각하죠."

수산나는 지금보다 세금을 더 내도 상관없으니 현재와 같은 육아 복지 상태가 유지되기를 바란다. 핀란드 사람들의 세금에 대한 마인드는 수산나와의 인터뷰에서 나타나는 그대로다. 내가 누렸던, 누리고 있는, 누리게 될 복지를 위해 기꺼이 지불하는 게 맞다고 생각하는 것 말이다.

me, too FINLAND

[합리적이고 색깔 있는 라이프스타일]

① 헬싱키에만 있는 주거 시스템, 히타스 아파트

수산나와 카트야는 7년 동안 헬싱키 콘툴라Kontula에 살았는데, 그곳에는 엘리가 뛰어놀 수 있는 넓은 마당이 있었고, 집 근처에 작은 숲도 있었다. 하지만 엘리가 자라 학교에 들어갈 나이가 가까워지자 수산나는 집의 위치에 대한 걱정이 생겼다. 헬싱키 내의 다른 지역에 비해 실업자율이 높은 콘툴라에서 학교를 다닌다면 등하교 길이 불안정할 수도 있을 것 같아서였다.

엘리가 더 크기 전에 집을 팔기로 하고 은행에서 대출을 받아 다른 지역에 있는 집을 알아보기 시작했다. 시내 중심이나 가까운 곳에 살면 더없이 좋겠지만, 막상 집을 고를 상황이 오면 선택의 폭이 좁아지는 법이다. 더구나 살던 집보다 큰 집으로 옮길 땐 더더욱 그렇다. 그래서 생각해낸 것이 '히타스Hitas 아파트'였다.

히타스 아파트는 헬싱키에만 존재하며 헬싱키 시市가 가격을 규제하는 아파트 시스템이다. 일반 아파트보다 구매 가격이 저렴한 반면, 구입 이후 아파트를 팔 때 가격을 마음대로 정할 수 없다. 집 안을 리노베이션해도 나중에 집을 팔 때 추가 금액을 받을 수 없다. 요즘은 추첨을 통해 집을 분양받을 수 있어 로또 당첨만큼이나 어려워졌지만, 이들이 집을 살 무렵에는 줄을 서서 선착순대로 분양을 받았다.

"아직도 기억나요. 그날은 금요일 늦은 오후였어요. 카트야가 퇴근하자마자 갑자기 줄을 서야 된다며 나가자고 서둘렀어요. 저는 미쳤다고 했죠. 히타스 분양은 월요일 아침이었거든요. 우리는 저녁을 먹고 나서 다 같이 사우나를 할 계획이었어요.

줄은 일요일 저녁부터 서도 충분하다고 생각했지요."

그러나 카트야의 생각은 달랐다. 퇴근길에 이미 몇몇 사람들이 줄 서 있는 것을 보았기 때문에 마음이 불안했다. 꽃샘추위가 절정을 이루는 4월이었지만, 카트야는 금요일 저녁부터 월요일 아침까지 홀로 텐트 생활을 하며 기다렸고, 덕분에 선착순 안에 들어 집을 살 수 있었다. 카트야 덕분에 이사가 가능했다고 얘기해도 과언이 아니다.

그렇게 해서 살 수 있게 된 히타스 아파트는 일단 가격 면에서 매우 합리적이다. 바로 옆에 붙어 있는 아파트와의 가격 차이가 무려 20만 유로약 2억 5000만 원에 달한다. 같은 공간 안에서 똑같은 시설을 누리고, 집의 형태도 비슷한데 이렇듯 저렴하게 구매했으니 속된 말로 '땡 잡은' 거다.

핀란드 아파트는 건물 안에 사우나 시설이 갖춰져 있는데 수산나가 살고 있는 아파트 역시 맨 위층에 최신식 사우나 시설이 있다. 사우나를 마치고 발코니로 나가면 동네 전체는 물론 저 멀리 바다까지 보일 만큼 전망이 좋다.

② 채소를 키워 먹는 작은 정원

수산나의 집에서 2분 정도 걸어가면 작은 정원이 있다. 집에서 매우 가까워 마치 발코니를 확장한 듯 느껴진다는 그곳에는 수산나와 카트야가 직접 재배하는 토마토와 오이, 호박 등이 있다. 이 작은 정원의 이름은 '테우라스타모Teurastamo'로 헬싱키 시에서 운영하는 수경 재배 장소다.

요즘은 많은 나라에서 자신이 먹을 과일과 채소를 직접 기르는 것이 트렌드가 되었고, 핀란드도 예외는 아니다. 가장 안심하고 먹을 수 있는 먹거리를 내 손으로 만들어가는 것이니 이만큼 의미 있는 일이 또 있을까 싶단다. 수산나 커플이 먹거리를 키우기 시작했을 때는 포대 하나에 20유로약 2만 6000원씩 지불했는데 현재는 그마저도 공짜다. 무료로 실시한다고 공표했을 때 부부는 사람들이 자기 포대에 담긴 채소들에 대해 그만큼 신경을 덜 쓰지 않을까 우려했다는데 아니나 다를까, 예전과 비교했을 때 무성해진 잡초들이 자주 눈에 띄는 걸 보면 관리가 덜 되는 것이 사실이다.

"카트야와 런던 여행을 했을 때 우연히 집어 든 잡지에서 헬싱키 테우라스타모에 대한 기사를 봤어요. 책에서 제법 비중 있게 다루었더라고요. 그때 기분은 뭔가 묘했어요. 우리 동네 그린 하우스가 다른 나라의 잡지에 소개되다니!"

③ 물려받고 주워온 살림도 내 것으로!

핀란드 사람들에게 인테리어에 대한 질문은 조금 생소하다. 특히 가구 대부분을 물려받거나 중고품을 쓰는 이들은 집 안을 작정하고 꾸미거나 그것을 위해 목돈을 들이는 것을 이해하지 못할 수도 있다.

수산나 부부 역시 직접 구입한 가구라곤 딸 엘리 방에 있는 이케아 책장과 이름 없는 브랜드 소파가 전부다. 엘리의 침대와 책상은 수산나의 사촌들로부터 얻었다. 큰 식탁과 어울리는 의자는 수산나의 조부모님으로부터 물려받은 것이다. 재미있게도 식탁은 조부모님의 집 문짝이다. 가구란 반드시 가구점에서 판매하는 정형화된 제품으로 살 필요는 없다고 생각했단다. 식탁을 밝혀주는 램프는 어머니가 살아

계실 때 쓰시던 것으로 인노룩스Innolux의 로키Lokki 제품이다.

"우리 집에는 커튼도 없어요. 계절마다 커튼을 바꾸고 침대 커버와 쿠션 커버를 바꾸는 일이 조금 어리석은 생각 같아서요. 햇빛이 들어오면 그 자체로 좋아요. 우리가 쓰고 있는 침실 커버는 12년 전에 산 그대로예요. 아, 물론 12년 동안 한 번도 안 빨았다는 건 아니에요. 욕실에 있는 타월들은 5년에 한 번씩 교체해요."

거실에 놓인 빈티지 그린 의자는 카트야가 쓰레기장에서 가져온 것이고, 길게 놓여 있는 블랙 가죽 의자는 스위스 출신의 프랑스 디자이너 르코르뷔지에Le Corbusier가 만든 의자 체이스 라운지Chaise Lounge 모조품이다. 카트야가 컬처 하우스Culture House에서 일할 때 최고경영자로부터 얻은 것이다. 모조품이라는 것을 눈치채기 힘들 만큼 싸구려 같은 느낌은 찾아볼 수 없다. 따뜻한 가죽 느낌을 좋아하는 수산나는 툭하면 눕게 되는 이 의자를 마성의 의자라고 부른다. 이렇듯 가구나 소품은 짝이 맞지 않아도 개의치 않는다. 집 안을 인위적으로 꾸미는 것이 자연스럽지 못하다고 생각하는 부부는 옷에 관해서도 소탈한 편이다. 다림질은 1년에 세 번 정도 할까 말까인데, 특별히 공식적인 일이 있지 않는 한 직장에 출근할 때 구김 없는 정갈한 옷을 입어야 한다는 필요성을 느끼지 못한다. 정 급할 때는 셔츠 칼라와 목 등 보이는 부분만 다린다참고로 핀란드 사람들의 옷 입는 스타일이 유럽 국가 내에서 가장 캐주얼하다!.

이렇듯 자유롭고 실용적인 핀란드 사람들의 마인드를 들여다보면 가구에도 인연이 있다는 생각이 든다. 가구들은 이 사람 저 사람을 거쳐 진짜 주인을 만나게 되는 것 같다. 엉성한 짝이어도 상관없다. 집 안 어딘가에 자리를 잡고 나면 그때부터 진짜 어우러짐이 시작된다.

me, too FINLAND

ME a+5
BRUTE
VALLAN

④ 집안일과 생활비는 공동 부담

요리하는 것을 좋아하고 손맛이 좋은 카트야가 대부분 식사 메뉴를 결정하고 음식을 만든다. 일주일에 한 번씩 청소를 하고, 매일 부엌을 정리하는 것은 수산나의 몫이다. 일주일 동안 쌓인 빨래는 일요일에 두 사람이 함께한다. 수산나와 카트야 모두 청소에 관해서는 부러울 만큼 느긋하다. 일단 주중에는 절대 치우지 않는다. 부엌 정리도 그릇들을 식기세척기에 넣고 빼내는 것을 의미하는 것이지 반짝반짝 싱크대가 윤이 날 정도로 닦는 건 아니다.

"우리는 비가 내려 자동으로 차가 세차되기를 기다리는 사람들과 같아요. 눈에 띄게 더러워 보이는 것만 치워도 충분하다고 생각하죠. 물건이 정리되지 않는 것으로 방해받고 거슬림을 느끼며 살아간다면 삶이 너무 피곤해질 것 같아요. 무엇이든 적당한 게 중요해요. 집도 적당히 먼지가 쌓이면서 가장 익숙하고 편안한 공간이 되어야 해요."

수산나는 매달 집 대출금을 갚고, 카트야는 음식 재료 구매와 아파트 세금을 낸다. 큰 액수의 돈을 낸 뒤에 추가로 더 쓸 일이 있으면 몇 달에 한 번씩 내는 전기 요금이나 기타 세금들 "남은 돈 있어?"라고 상대에게 물어보고, 상황에 따라 있는 사람이 낸다. 크고 작은 재정적인 문제가 생기면 서로 돈을 빌려주고 다음 달에 돌려받는다. 두 사람은 가계부를 쓰거나 영수증을 모아놓지는 않지만, 적절한 선 안에서 소비하는 게 몸에 배어 있다. 부부라도 내 돈과 네 돈의 구분은 확실히 하는 편인데 사실 카트야가 풀타임으로 일하기 전에는 수산나가 더 많이 부담하는 게 공정하다고 생각했단다. 공동으로 들어갈 돈을 모두 낸 뒤에는 각자 남은 돈에 대해 절대 관여하지 않고, 자유롭게 쓴다. 물론 여기에서의 '자유롭다'는 의미가 생각 없는 지출을 말하는 것은 아니다. 부부 중 어느 한쪽이 비싼 취미 생활 때문에 먼 곳으로 가야 한다거나, 장비를 사야 한다면 균형이 맞지 않을 텐데 다행히 카트야와 수산나는 늘 함께 동행하기 때문에 누군가의 일방적인 돈 낭비는 없는 편이다.

"돈이 부족하다고 느꼈을 때 매번 싸웠던 것 같아요. 카트야가 고정적인 직업이 생긴 지금은 더 이상 싸울 일이 없죠. 카트야도, 저도 일정 수준의 월급이 매달 들어오니 지루할 만큼 안정기에 들어섰어요."

⑤ 핀란드 사람이라고 핀란드 음식만 먹어야 하나요?

수산나 집에는 냉장고가 두 개다. 하나는 주방에, 다른 하나는 방에 있는데 생김새가 가정용 김치냉장고와 비슷하다. 카트야는 여름철에 모은 베리들을 이용해 다양한 종류의 잼을 만들어 작은 냉장고 안에 보관한다. 때로는 그 양이 엄청날 때도 있는데, 이 잼이 냉장고를 하나 더 쓰게 하는 진짜 이유는 아니다.

사실 수산나 부부는 순록 고기를 무척 좋아해서 매번 핀란드 라플란드^{Lapland}에서 10~15킬로그램 정도 대량 주문을 하곤 한다_{순록 고기는 인터넷으로 주문한 뒤 헬싱키에서 중개인을 만나 받아오는데, 재미있는 것은 고기를 받으러 간 곳에서 부부를 제외하고는 한 번도 여자를 만난 적이 없다는 거다}.

수산나 부부가 전에 살던 아파트 지하실에는 온도를 항상 5도로 유지해주는 작은 냉장실이 개인 창고마다 있었다고 한다_{냉장고가 보편화되기 전, 오래된 헬싱키 아파트에는 이 같은 시설이 갖춰져 있었고, 현재까지 남아 있는 곳도 있다}. 하지만 다른 이웃들은 지하 창고를 별로 사용하지 않아 그들의 허락을 받고 여러 개의 냉장고를 넉넉하게 이용하곤 했다. 현재 아파트는 새 아파트라 구식 시스템이 갖춰져 있지 않지만, 덕분에 냉장고를 하나 더 구입해 아주 유용하게 쓰고 있다.

요리를 주로 하는 카트야는 다양한 나라의 음식을 골고루 먹는 걸 좋아하기 때문에 부부는 핀란드 음식만 고집하지는 않는다. 한 달에 두 번씩 도매시장에 가서 오래 두고 먹어도 될 음식들을 구매하고, 급히 필요한 식재료가 있을 때는 집 근처 리들Lidl에서 구매한다.리들은 독일에서 두 번째로 큰 식료품 체인점이며 유럽의 25개국에 매장을 보유하고 있다. 핀란드 내에는 141개의 매장이 있는데 핀란드 일반 마트보다 가격이 저렴하다.

가끔 중동 음식을 판매하는 식료품점 아라랏Ararat에도 간다. 팔라페와 허브를 구입하는 목적으로 자주 이용하는데 특히 냉동 고기의 맛이 좋다고 한다. 가격도 일반 마트에 비해 절반 정도밖에 되지 않는다.

핀란드에서만 음식을 구매하는 건 아니다. 말린 고기와 작은 소시지들을 구매하기

me, too FINLAND

위해 북유럽에 비해 물가가 저렴한 에스토니아의 탈린을 주기적으로 방문한다.^{헬싱} 키에서 탈린을 오가는 가장 저렴한 배 티켓은 24유로(약 3만 2000원)에 불과하고 두 시간밖에 걸리지 않아 핀란드 사람들이 주말을 이용해 자주 드나드는 도시다.

명절 때도 이들의 식탁은 조금 특별하다. 핀란드에서는 크리스마스 때 대형 킨쿠 Kinkku 햄나 터키 혹은 염소 고기를 통으로 오븐에 구워 명절 내내 먹는데 수산나 부부는 줄곧 한 가지 음식만 먹고 싶지 않았다. 지난 크리스마스 때는 '평소에 자주 먹는 음식이 아닌 것 중에서 가장 먹고 싶은 음식을 먹기로' 결정하고, 도매시장에서 하나에 200그램이나 되는 새우를 사 먹었다.

올 크리스마스 때도 비슷한 방법으로 메뉴를 골라서 가족이 함께 즐길 것이라고 했다. 그렇다고 크리스마스 전통 음식을 전혀 입에 대지 않는 것은 아니다. 명절날 조부모님 댁이나 사촌 또는 형제들 집에 방문했을 때는 어김없이 크리스마스 음식을 먹는다.

me, too FINLAND

[그 여자, 수산나 이야기]

① 어린 시절

"유년 시절, 내게 집이란 친구들과 놀다가 밥을 먹으러 가는 곳이었어요. 부모님은 내가 늘 괜찮을 거라 믿으셨죠. 그만큼 나를 자유롭게 키우셨는데 엘리를 키우면서 제 어린 시절을 돌아보니 그건 방목에 가까운 자유였던 것 같아요. 교육을 위해 특별히 무언가를 하지도 않으셨어요. 불행히도 당시 상황이 그럴 수밖에 없었죠."

부모님은 수산나가 어릴 때 이혼했다. 설상가상 어머니가 아팠기 때문에 병원에 있는 시간이 많았고, 가족들은 각자의 위치에서 최선을 다하는 수밖에 없었다. 어머니가 병으로 세상을 떠난 뒤에는 조부모의 보살핌 아래 자라면서 스스로 경계선을 만들었다. 어디까지는 수용되고 어디까지는 안 되는지를 알아서 조절하면서 말이다. 수산나는 그 시기를 이렇게 표현했다.

"사는 것은 나에게 끊임없는 도전이었고, 불안과 두려움도 나의 성장에 맞춰 함께 자랐다."

자신에게 잠재되어 있는 어두운 면은 어린 시절에 생겼으며 그만큼 어떤 환경에서 자라느냐에 따라 이후의 삶이 좌우된다고 생각한다. 그래서 수산나는 엘리가 열여섯 살이 될 때까지 부디 아무 일이 없기를 바라고 있다_{핀란드에서는 만 16세부터 독립을 시작하고, 반 성인으로 생각한다}. 그 속에는 가족의 건강, 경제적 상황, 지금과 같은 가정의 분위기 모두가 포함된다. 물론 살아가는 모든 일에 운이 따라주어야 하지만, 엘리에겐 자신과 같은 경험을 물려주고 싶지 않다고 단호하게 말했다.

"아빠는 내가 알고 있는 사람 중에서 가장 자유로우신 분이에요. 엄마는 내가 어린 나이에 돌아가셨기 때문에 내 정체성에 대해 말할 기회조차 없었지만, 만약 살아 계셨더라도 고백하는 것에 대해 망설일 이유가 전혀 없었을 거예요. 아빠와 마찬가지로 나를 사랑으로 이해해주셨을 거라고 생각해요."

어린 나이지만 스스로 무엇을 지향하는지에 대해 당당하게 밝혀왔던 수산나를 가족들은 충분히 이해하고 받아들였다. 아버지는 언제나 수산나의 버팀목이 되어주었다. 결혼할 때도, 아이를 입양할 때도 딸을 진심으로 이해해주었고, 단 한 번도 놀라움이나 반대 의사를 내비치지 않았다.

하지만 조부모님은 조금 달랐다. 외할아버지는 상당히 보수적이며 독실한 종교를 가지고 있기 때문에 수산나의 고백을 수용하기까지 어려움을 겪었다. 그 때문에 관계가 틀어지진 않았지만, 할아버지와 카트야가 서로 좋은 친구가 되기까지는 오랜 시간이 필요했다. 다행히 엘리가 태어난 이후에는 모두를 가슴으로 품어주었다.

교사였던 아버지와 저널리스트 어머니 사이에서 자란 수산나는 부모님의 직업이 현재 하고 있는 일에 영향을 미친 것 같다고 말한다. 그녀는 핀란드어를 전공했고, 부전공으로 문학을, 이외에도 스웨덴어와 전통문화를 공부했으며 성인 교육 강사 자격증을 가지고 있다.

하고 싶은 일들은 많았지만 확실히 걸어가고 싶을 만큼 자신에게 맞는 직업은 서른이 되었을 때 알게 되었다고 한다. 대학 졸업을 앞두고 편집장이 되고 싶었던 그녀는 졸업 후 잡지사에서 일했다. 하지만 그토록 원하던 일이었는데 막상 해보니 실상은 달랐다. 전혀 일을 즐기지 못하고 있는 자신의 모습을 발견했던 것이다.

게다가 한번은 직장 상사가 지극히 사적인 그녀의 동성애를 받아들이지 못해서 해프닝이 벌어지기도 했다. 그 사람의 선입견이 잘못되었다고 생각했기 때문에 마음에 담아두진 않았지만, 대화로 상대를 이해시키는 데는 한계가 있었다. 결국 그녀는 일을 그만두고 전공을 살려 두 권의 핀란드어 학습지를 출판했다.

수산나는 현재 외국인들에게 핀란드어를 가르치는 학교의 교장으로 일하고 있다. 이렇게 안정적인 포지션을 갖기 전까지는 여기저기 옮겨 다니면서 파트타임 강사로 일했는데 1년 전, 교장으로 고용되었다.

이동하지 않고 내 사무실 안에서 내 책상에 앉아 일하는 것은 단순히 안정된 직장을 넘어 존중받는 느낌을 받는다고 한다. 여기서 수산나가 말하는 '존중'이란 수산나의 지위 때문에 사람들이 굽실거린다는 얘기가 아니다. 파트타임으로 일했을 때는 서로의 이름조차 모르고 일이 끝나는 경우가 더러 있었는데 지금은 서로 간에 친분이 생기면서 더욱 존중받고 있다는 느낌이 든다는 말이다.

핀란드 사람들은 이렇듯 자신이 속한 직장에 대한 신뢰감이 크다. 전부가 그렇지는 않지만 수산나 역시 직장을 신뢰하고 또 만족하며 다니는 사람들 중 한 명이다.

"회사는 늘 적당히 일을 맡겨요. 하루 업무 시간은 여덟 시간인데 나에게 열 시간을 가르치라고 하면 나는 할 수 없어요. 스트레스 없는 삶이란 없겠지만, 직접적으로 나를 괴롭히는 큰 스트레스는 없는 것 같아요. 과거에 다른 회사에서 일할 때 가끔씩 상사가 한두 시간 더 하라고 요구한 적이 있어요. 물론 일을 좀 더 하는 건 어렵지 않지만, 일단 그 일은 계약서에 있지 않다는 것을 증명해야 했어요."

핀란드에서는 상사가 일을 추가로 시켰을 때 그것이 자신과 관련된 일이거나 자신의 도움이 절실하게 필요한 일이라면 순순히 받아들일 수 있지만, 자신의 일과 전혀 무관하다면 그 일을 함부로 시킬 수도, 받아들일 필요도 없다. 사장은 모든 직원의 계약서를 제대로 파악하고 있어야 하며 법을 어겼을 땐 그만한 대가를 치러야 한다는 것을 알기 때문에 개인적인 감정으로 대하거나 해고할 수가 없다.

물론 월급의 차이는 있다. 조합이나 협회에 속해 있는 직업의 경우에는 월급이 평등하지만, 평균적으로 보면 여자의 월급이 남자보다 20% 정도 낮은 편이라 '여자는 80센트 남자는 1유로'라는 말이 있다. 하지만 핀란드 내 임금은 그다지 이슈가 되지 않는다. 특히 직업이 교사인 경우, 월급의 차이는 거의 없다. 교장이라 해도 일의 양이나 일하는 방법은 일반 교사와 다를 바 없다.

"모든 사람이 똑같은 양과 똑같은 시간 안에서 일해요. 아무도 서로 5년 안에 내가 어떤 자리까지 올라가고야 말겠다거나, 1년 안에 어디까지 승진하고 돈을 벌겠다는 식의 말은 하지 않아요. 내가 교장이 되지 않았다 해도 억울할 이유가 전혀 없고, 내가 교장이 됐다고 해서 다른 누군가가 억울해하지도 않을 거예요. 어떤 교육 프로그램을 더 이수할까, 어떤 부족한 부분을 보충시킬까에 대해 서로 얘기는 하지만, 그것이 승진이나 월급 상승으로 이어지는 건 아니에요. 가족 중에 높은 연봉을 받는 직업을 가진 사촌이 있지만 그만큼 높은 직위를 부러워한 적도 없어요. 내가 하고 있는 일에 열정이 들어가면 그게 행복이라고 믿으니까요."

③ 아직도 꿈은 있다

"서로의 사생활을 존중하며 서로 이해하고 사랑하면서 사는 거예요. 부부는 가장 가깝다는 이유로 소소한 불평이나 투정을 반복적으로 일삼게 되잖아요. 적어도 우리는 감정 섞인 어리석은 문제로 다투지 않았으면 좋겠어요."

카트야는 디자인 전공 이외에 미용 기술 자격증도 있어서 가족의 머리를 잘라주기도 하고, 아주 가끔 손님들 머리를 해줄 때도 있다. 언젠가 남자 손님 머리를 자르는데 부인이 따라와서 스타일에 대해 사사건건 간섭하는 모습을 보고 '모든 사람에게는 자유가 보장되어야 하는데 머리 자르는 것도 마음대로 하지 못한다면 무엇을 할 수 있는 거지?'라는 생각을 한 적이 있다고 했다.

수산나의 꿈은 훗날 엘리가 독립하는 날, 설사 일정 부분에서는 결점을 느꼈다 할지라도 '부모님과 함께한 시절이 참 행복했다'라고 느끼길 바라는 것이다. 인생은 그저 흘러가는 것일 뿐, 경주가 아니라고 말하는 수산나는 성취에 대한 꿈보다는 목표를 정해놓고 그것을 따라가면서 살고 싶어 한다. 2년 전에는 스페인어를 공부했고, 앞으로 아주 간단한 의사소통과 중요한 단어 위주로 에스토니아어를 공부할 계획이다. 탈린으로 음식을 사러 가는 일이 많아져서다.

두 번째로는 요리를 배우려고 계획 중이다. 요리 교실을 다니면서 제대로 배운다면 누구보다 카트야가 기뻐할 것 같다며 입꼬리를 살짝 올렸다.

[좀 더 하고 싶은 말들]

뼛속까지 시니컬해 보이는 수산나도 아이에 관한 이야기를 할 때는 천생 엄마였다. 욕심을 조금 부리자면 둘째를 낳고 싶은 마음도 있다. 수산나에게 가족이란 온전히 자기 자신으로 설 수 있게 해주는 사람들이다. 서로 돌봐주고 그 안에서 자유를 누리는, 그야말로 비빌 수 있는 언덕이다.

부모님의 이혼, 그 뒤에 찾아온 어머니의 죽음 그리고 할머니 할아버지 품에서 자라야 했던 수산나. 자신만의 질서 안에서 스스로를 엄하게 다스리며 자유로운 행복을 갈망했을 것이다. 평범하지 못했던 연애와 결혼 그리고 출산까지 힘겨웠던 시간들이 있었기에 그녀에게 가족은 더욱 남다르다. 말하는 사이사이 그녀가 가족을 얼마나 소중하게 생각하는지 느낄 수 있었다.

그녀를 만나기 전에는 너무 많은 이야기를 물어보는 것도, 이야기를 꺼내는 것도 조심스러울 것이라 생각했다. 하지만 피상적으로 만들어낸 선입견은 많은 오해와 편견을 만들어내고 있었다. 세상에는 여러 종류의 가족이 있으며 이들은 끼어들 수 없을 만큼 서로가 똘똘 뭉쳐 있었다. 당당함과 여유까지 더해진 완벽한 가족을 이루고 있다는 것을 긴 인터뷰를 끝낸 뒤 알 수 있었다.

쉽게 얻어낸 것이 아니기에 더욱 빛나 보였고, 모두의 표정에서 안도감이 느껴졌다. 수산나를 그렇게 만든 건 그녀 스스로 오롯이 만들어낸 결과물일 것이다. 자유의 진짜 의미를 알고 묵묵히 자신이 하고 싶은 일을 밀고 나가는 수산나와 가족에게 엄지를 치켜 올려주고 싶다.

A.ZELWEROWICZ I WEGRZYN

발트 해에서 불어오는 자유의 냄새

사람들이 애써 바다를 찾는 데는 그럴 말한 이유가 있다. 오죽하면 여름 바다 혹은 겨울 바다를 보러 간다고 하질 않나. 나는 가끔, 느리고 낮은 걸음으로 발트 해 주변을 걸으며 답답한 부스러기들을 털어버리거나, 바다 깊이만큼의 에너지를 받기도 한다. 바닷바람은 내 머리를 쓰담쓰담 해주며 나를 투명하게 들여다보는 시간을 만들어준다.

나는 운이 좋다. 창문을 열면 발트 해가 눈에 들어오고, 조금만 걸어 나가면 그 바다가 끝도 없이 눈앞에 펼쳐지는 곳에 살고 있으니.

헬싱키 사람들은 편안한 옷차림에, 앉아서 쉴 수 있는 타월과 나무로 짠 작은 바구니를 팔에 걸고 마치 가까운 슈퍼에 가는 느낌으로 소박한 피크닉을 나선다. 눈앞에 늘 발트 해가 펼쳐져 있으니 현실 탈출이라는 거창한 의미는 아니겠지만.

피크닉 가방 속에는 과일과 호밀 빵, 치즈 그리고 음료와 잔까지 완벽하게 들어 있다. 친구와 앉아서 도란도란 이야기를 나누며 희희낙락 웃다가 수영을 하고 싶으면 겉옷을 벗어 한쪽에 놓고 바다에 몸을 담근다.

혼자 즐기는 사람들도 많다. 핀란드 사람들은 가끔씩, 작정하고 여유를 부리려는 듯 완전히 일상에서 빠져나오기 위해 꿈쩍도 안 하고 쉰다. 이곳에서 휴대폰으로 연속 촬영을 하는 사람은 오직 나 하나뿐인 듯하다. 그들을 보면 마음에 어떤 욕심이 생기다가도 '그래, 자작나무 아래 누워서 바다 소리를 들으면 그게 행복이지'라는 생각이 든다.

헬싱키를 둘러싸고 잔잔히 지켜주는 발트 해는 사람들에게 생업이자 자명한 여름이고, 꿈을 스케치하는 장소이며, 다른 섬이나 나라와 조우해주는 장소다. 또한 헬싱키의 '숨'이다. 때로는 거칠게 몰아쉬고 때로는 죽은 듯 말이 없다. 겨울이면 깊은 숨을 모아 입김을 내뱉는다. 봄이 왔고, 겨우내 모습을 보여주지 않았던 발트 해는 빠른 속도로 녹아내리고 있다. 머지않아 계절의 꽃이 필 것이다. 그러면 그곳을 지나는 수많은 갈매기들의 소리도 내 귀를 울리겠지?

사리와 마티 그리고 세 아이가 사는 집

4

: 마당 있는 집에 살고 싶은 꿈이 있었어! me, too!

Name : 사리 Sari
Born : 1975년
Lives : 에스포 Espoo
Profession : 회사원
Family : 남편 마티 Matti, 장남 아로 Aaro,
차남 에스코 Esko, 막내딸 사이미 Saimi

[세 명의 보물단지가 있는 예쁜 집]

핀란드에는 '푸나이넨 묘키 야 페루나마punainen mökki ja perunamaa'란 말이 있다. '빨간색 코티지와 감자밭'이라는 뜻의 이 말은 자기 집과 정원을 소유하고 싶어 하는 핀란드 사람들의 꿈을 함축시킨 표현이다. 결혼 후 도시 에스포Espoo에 살던 사리 부부는 같은 지역에 직접 집을 지어 살고 싶은 꿈을 키웠다.

사리는 지금의 남편 마티를 열일곱 살 때 만났다. 둘 다 어린 학생이었지만 서로가 인연이라는 것을 알아차렸다. 방과 후에 만나서 데이트를 했고, 4년 뒤 성인이 되었을 때 약혼을, 그리고 다시 4년 뒤 2000년 7월에 부부가 되었다. 서로를 좋은 짝으로 바라보며 지낸 결혼 생활은 사리에게 정신적인 안정감을 주었는데 그 바탕에는 도시와 가까우면서 조용한 전원생활을 하기에 적합한 지역에 살고 있었던 이유도 한몫했다. 하지만 헬싱키는 물론이고 헬싱키와 가까운 에스포나 반타Vantaa 지역의 집값 역시 금값이어서 과연 그 꿈을 이룰 수 있을지 걱정이었다.

그러던 중 부부는 시에서 제공하는 토지 임대에 지원했다. 소유할 수 있는 토지와 렌트할 수 있는 토지 중 후자를 선택해 막강한 경쟁률을 뚫고 합격하여, 그 땅에 집을 지었다.

"우리 부부가 직접 설계했고, 희망과 소망을 기반으로 집을 지었어요."

건축 디자이너의 설계에 부부가 직접 참여해 지은 사리의 집은 천장이 어마어마하게 높다. 천장의 전구를 갈아 끼우려면 사다리를 타고 올라가야 한다. 2층에서 올려다보아도 여전히 높아서 가슴이 뻥 뚫리는 이 집의 구조는 안주인인 사리의 요구를 제대로 반영했다. 그녀는 부엌과 거실의 경계를 따로 두지 않고 답답함을 최대한 덜어내고 사방이 트인 구조를 만들고 싶었다.

2층에는 부부 침실과 아이들 방이 있고, 지하에는 운동기구들이 있는데 방음장치가 되어 있어 영화를 보거나 음악을 듣기에도 좋다. 지하실 안쪽 작업실에는 집을 수리하는 데 필요한 공구와 목재들이 있다. 아이들 셋 각자의 이름을 새겨 넣은 공구함도 만들어주었다. 아이들은 직접 나무를 자르고, 다듬고, 못을 박는다. 오빠들과 달리 딸 사이미의 공구 박스에는 구슬들과 작은 인형들과 장난감이 들어 있다.

[다섯 가족이 사는 법]

"핀란드 가구들은 기능적으로 만들었기 때문에 세월의 타격을 받지 않아요. 디자인도 심플해서 오래 두고 쓰기에 손색이 없죠."

자국 브랜드 가구를 높이 칭송하는 사리는 가구를 고를 때 퀄리티 부분을 가장 먼저 생각한다. 가구는 당연히 핀란드 브랜드가 최고라고 믿으며 1950년대 스타일 핀란드 가구나 더 오래된 앤티크 가구들도 좋아한다. 거실 한쪽에는 인터넷 중고 사이트에서 구매한 100년 정도 된 학교 책상이 있다.

요즘은 옛날 디자인을 모방해서 새로 만드는 빈티지 제품들도 많지만, 사리가 인터넷에서 찾은 제품은 실제 학교에서 사용하던 옛날 책상이다. 사리의 집으로 온 책상은 어린 딸 사이미의 그림 책상이 되었다. 하지만 이 책상을 제외하고는 대부분의 아이들 가구를 이케아에서 구입하는 편이다. 쑥쑥 자라는 아이들에게는 중간중간 가구를 바꿔줘야 할 일이 생기므로 싸고 실용적인 가구가 적합하다고 생각하기 때문이다.

"시간이 있고 기운 넘치는 사람이 한다."

이들 부부의 집안일에 대한 규칙은 가볍고, 먼지에 대한 마음도 매우 넉넉하다. 오늘 피곤하면 내일 하면 되고, 내일 바쁘면 모레가 기다리고 있다. 아이들이 각자의 방을 정리하지 않았다고 해서 꾸중하지도 않는다. 그렇다고 엄마가 치워주는 것도 아니다. 아이 스스로 '아! 내 방만 더럽구나!'라고 느낄 때까지 무작정 기다려준다. 윽박지르지 않아도 아이는 오래지 않아 치우게 되더라는 게 이들 부부의 말이다. 장남 아로는 꽉 찬 쓰레기를 내다 버리는 책임을 맡고 있고, 3남매 모두 식사 전에 식탁 위에 빵과 버터, 포크와 나이프를 세팅하는 일을 당연하게 여기고 있다.

사리네 마당에는 체리나무, 사과나무, 살구나무 그리고 딸기와 토마토가 자라고 있다. 고추도 기르고 다양한 꽃들도 키우는데 핀란드는 봄과 여름이 짧기 때문에 계절이 허락할 때 최대한 마당을 활용하려고 애쓴다. 여름이 짧기는 해도 햇볕이 좋아서 기르는 모든 것들을 싱싱하게 열매 맺게 한다. 덕분에 그때그때 수확한 과일과 채소들을 제철 음식으로 맛있게 즐길 수 있다.

정원에서 바로 이어진 숲에는 여름에는 베리, 가을에는 버섯이 마음껏 먹을 수 있을 만큼 가득하다. 아이들은 때가 되면 바구니를 들고 나가 먹을 만한 것들을 골라 담아 집으로 가져온다. 집과 이어진 숲은 한나절 소풍 코스이자, 몸소 체험하는 자연 공부의 장소다.

부부는 각자의 계좌 외에 공동 계좌가 있는데 거기에 들어 있는 돈은 아이들을 위한 생활비나 식료품을 사는 데 쓰인다.

"모든 계좌는 인터넷 뱅킹을 통해 서로 손쉽게 확인할 수 있어요. 각자의 계좌가 있지만 별 의미는 없죠."

me, too FINLAND

me, too FINLAND

[7년의 육아 휴직 그리고 복직]

사리는 육아 휴직으로 무려 7년 동안 집에서 아이들만 키웠다. 복직한 건 겨우 1년 전이다. 복직과 맞물려 첫아이는 초등학교에 입학했고, 덕분에 지난 1년은 가족 모두에게 변화가 많았던 시기였다. 혹자는 "7년 동안의 육아 휴직이라고? 꿈의 직장인가?"라고 말할 수도 있겠지만, 사리는 오히려 "육아는 직장의 업무와 비교할 수 없을 만큼 힘든 일"이라고 말했다.

사리가 첫아이를 낳았을 때, 친정 부모님 모두 일하고 있었고 가깝게 지내는 친구나 지인들도 대부분 육아를 시작하기 전이었다. 그래서 물리적 지원을 받을 만한 대상이 전혀 없었다.

"처음부터 쉬울 거라고 생각했다면 어리석은 거였겠죠. 무슨 일이든 상황이 닥치면 어떻게든 하겠지만, 다시 생각해도 처음 6개월은 너무 힘들었어요."

출산 이후 사리의 삶은 송두리째 달라졌다. 개인 시간이 한순간에 사라져버렸다. 아이는 1순위, 아니 0순위였다. 모든 일을 아이에게 맞추다 보니 사리와 남편은 하고 싶은 일들을 감히 꿈꾸지 못했고, 할 수 있는 일도 매우 한정적이었다. 그보다 더 문제 되는 것은 잠과의 사투였다. 첫째 아로는 밤이면 45분마다 아홉 번씩 규칙적으로 깨서 울었고, 최연소 불면증 아기로 등극했다. 매일 저녁부터 새벽 2시까지 사리가 그 아이의 밤을 지켰고, 새벽부터 아침까지는 남편이 깨어 있어야 했다.

부부가 같이 잠을 자기는커녕 한곳에 있을 수도 없었다. 아이가 잠에서 깨면 울었기 때문에 다른 한 명은 귀마개를 하고 거실이나 다른 방에서 밤을 보냈다. 다크서

클이 무릎까지 내려올 지경이었고, 몰골은 당연히 엉망진창이 되었다. 마치 전쟁에서 계속 지고 있는 병사들처럼.

"아기는 3개월이 지나면 어느 정도 잠을 자는 패턴이 성립된다고 들었는데 아로는 이상하리만큼 그게 안 됐어요. 밤에 깨지 않고 어떻게 잠을 자야 하는지 연구하고 또 연구했지만 답을 찾을 수 없었죠. 그런데 신기하게도 6개월이 지나면서 조금씩 나아졌어요. 특별히 방법을 찾은 것은 아니었어요. 그저 시간이 해결해줬죠. 그렇게 되기까지 날마다 수면 부족에 시달려야 했고, 늘 멍한 상태였어요. 정말 시간이 어떻게 지나갔는지 모르겠다니까요."

[세 아이의 부모로 산다는 것]

① 배변 활동은 재미있게 시작!

아이들은 각자 적정 나이가 되었을 때 배변 가리기 활동을 시작했는데 세 아이 모두 여름에 해결했다. 사리는 개월 수를 따지기보다 계절을 먼저 생각했다. 남자아이들은 두 돌이 지나고 시작했는데 아주 쉽게 성공했다. 어느 순간 기저귀를 빼버리면서 쉬나 응가를 하고 싶으면 변기통에 하라고 일러주었다. 그 이후, 다시 말한 기억이 생각도 안 날 만큼 아이들은 배변 가리기 활동을 잘해주었다. 해가 긴 여름, 대부분의 시간은 밖에서 보냈는데 아로와 에스코는 아랫도리를 벗겨놓고 자유롭게 쉬를 하게 했더니 이틀 만에 배변 활동이 자동 완성되었다.

아들 둘의 배변을 너무 쉽게 한 탓일까? 딸 사이미는 조금 달랐다. 오빠들과 마찬가지로 두 돌이 지날 무렵 배변 활동을 시작했는데 변기통에 앉는 것에 전혀 관심을 두지 않았고, 흥미도 없었다. 예상치 못한 순간들이 계속 찾아왔고, 사리 부부를 당혹스럽게 만들었다.

그 무렵, 딸 사이미의 두 살 생일을 맞았고, 사리는 좋은 생각 하나를 떠올렸다. 배변 가리기 내용이 담긴 동화책과 예쁜 공주가 그려진 팬티를 사기로 한 것이다. 딸은 선물들을 보자마자 자신도 동화책 아이처럼 쉬도 잘하고, 예쁜 팬티를 입겠다며 흥분했다. 그 뒤로 훈련은 완벽하게 이루어졌다.

"모든 아이들이 각자 습득하는 방법이 다른 것 같아요. 우리 딸에게는 공주 그림이 그려진 팬티와 동화책이 먹혔던 거죠. 배변 활동 얘기가 나와서 말인데, 요즘 핀란드에서는 재활용할 수 있는 기저귀를 사용하는 엄마들이 늘고 있어요. 이것이 트렌드라고 말하기엔 좀 그렇지만 인기가 있고 엄마들이 많이 찾는 것은 확실해요."

② 스스로 하기, 그리고 격려하기

사리는 아이들 모두에게 한 살부터 한 살 반까지 '스스로 먹는 법'을 가르쳤다. 물론 어설픈 포크와 숟가락질을 하도록 내버려둔 것은 아니다. 도움을 주되 먹여주진 않았다. 옷을 입고 벗는 것을 가르친 나이도 같은 시기였다.

"딸 사이미는 두 살 때부터 옷의 단추를 스스로 잠그기 시작했어요. 아이가 손가락 근육을 사용하면서 단단한 단추를 제대로 잠그고 있는 거예요. 그 장면을 처음 봤을 때는 등골에 소름이 돋았어요. 한 번도 가르쳐준 적이 없었거든요. 나중에 보니 사이미는 나와 남편이나 오빠들을 보고 스스로 터득하고 있었어요. 지금은 네 살인데 스스로 빵에 버터를 발라 먹어요. 누구의 도움도 없이요. 정말 뿌듯하답니다."

이렇듯 아이들에게 스스로 하는 법을 가르치는 것은, 방법을 터득하는 순간 도전하는 것에 자신감이 붙고 흥미를 느낄 수 있기 때문이다. 단, 아이들에게 스스로 하라고 요구할 땐 늘 격려와 관심, 사랑을 함께 주어야 한다.

핀란드 여성들이 남자 못지않게 힘쓰는 일을 척척 잘하는 것처럼, 핀란드 아이들 역시 혼자서도 엄청나게 잘한다. 좀 더 솔직하게 말하면 한국 아이들과 비교했을 때 뚜렷한 대비가 느껴진다. 한국인인 내 눈에만 그렇게 비치는 것인가 했는데 핀란드 엄마들도 비슷하게 생각하고 있었다.

"어릴 때부터 독립적으로 자라온 덕분에 우리 아이들도 그렇게 키울 수 있죠. 다른 나라들, 가까운 유럽 국가들에 비해서도 훨씬 독립심이 강한 것 같아요."

그들의 이런 생각은 핀란드 아이들을 보면 금세 공감할 수 있다. 핀란드 부모들은 독립심을 심어주고 규칙에 엄하기로 정평이 나 있다.

"제가 어렸을 때, 우리 집만의 규칙과 함께 가족 모두에게 주어진 의무가 있었어요. 네 살 터울 남동생에게조차 의무가 있었죠. 나이를 한 살 또 한 살 먹을수록 의무 사항은 늘어났어요. 부모님께서 정해놓으신 약속들을 잘 지켜야 했고, 말 잘 듣는 착한 딸이 되어야 했어요. 부모님은 일을 하셨기 때문에 나와 남동생은 기억이 나기도 전부터 유치원에 가야 했는데, 어쩌면 그랬기 때문에 더 엄격하고 정해놓은 규칙대로 우리가 따르길 바라셨던 것 같아요."

사리는 네 살 때 처음으로 엄마를 도와 슈퍼마켓 심부름을 했단다. 현재 사리의 아이들은 그때의 자신보다 나이가 많음에도 불구하고 혼자서 심부름을 가게 하지는 못하겠단다. 이런 면으로 보더라도 지금보다 과거 핀란드 엄마들의 교육이 훨씬 더 철저하고 규칙이 많았던 것 같다. 그럼에도 불구하고 핀란드 엄마들은 여전히 당차다. 아이의 일에 전전긍긍하며 하나부터 열까지 따라다니는 일 같은 것은 절대로 하지 않는다. 이것은 아마도 핀란드라는 나라가 그만큼 안전하다는 의미일 테고, 부모가 아이의 모든 부분을 염려하지 않아도 되기 때문인지도 모르겠다. 부럽지 않을 수 없다. 정말이지!

아이들이 셋이나 되고, 아직 어리다 보니 저희들끼리 싸우는 일은 부지기수다. 사리 부부가 싸움에 대처하는 방법은 이렇다. 일단 싸움이 시작되기 전에 어떤 일이 일어나서 이렇게까지 왔는지, 그리고 누가 먼저 시비를 걸고 싸움의 불씨를 붙였는지 조목조목 따져가며 시시비비를 가린다. 그 순간 부부는 경찰이 된다.

아이들에게 각자의 다툼을 해결하라고 가르치지만, 아이들이 아직 어리기 때문에 자기들끼리 문제를 해결하도록 도움을 주는 것이다. 이때 가장 중요한 것은 누구의 편도 들지 않고 공평하게 대해야 한다는 점이다. 아이들끼리 싸울 때 절대로 그냥 두고 보지 않는 부분도 있다. 서로 때리는 것, 이름을 대신해 별명을 부르며 놀리는 것, 약자인 여동생을 괴롭히는 것. 바로 이 세 가지다. 나머지 분쟁들은 당사자인 아이들이 해결하도록 가만히 지켜볼 뿐이다.

③ 최고의 교육? 집에서 가까운 학교에 다니게 하는 것!

한국에선 학원 간판만 좀 줄어도 숨통 트일 것 같다는 생각을 했다. 그래서일까. 핀란드가 한국보다 안정적으로 느껴지는 이유 중에는 사교육 간판들이 경쟁하듯 걸려 있는 풍경이 없어서가 아닐까 생각해본다. 그도 그럴 것이 핀란드 엄마들에게 아이들을 위한 교육이란 '집과 가장 가까운 학교에서 공부하는 것' 정도다.

초등학교 2학년에 재학 중인 장남 아로 역시 집에서 가장 가까운 학교에 다닌다. 방과 후 교내 클럽에 갔다가 집에 오면 오후 3시. 사리나 남편이 퇴근할 때까지 집에 혼자 있는데 대략 한 시간 정도다. 유치원에 다니는 둘째와 셋째는 부부가 퇴근길에 맞춰 집으로 데려온다.

남편과 사리는 가끔씩 회사에 결근하고, 재택근무를 할 수도 있기 때문에 집에서 아로를 맞기도 한다. 아로는 학교 숙제 외에 다른 교육은 전혀 받지 않고 있다. 사리는 아이가 초등학교 5학년 때까지는 그저 문법과 문맥에 맞는 언어를 사용하는 정도에 만족할 것이라고 말했다.

핀란드에서는 초등학교 입학 전까지 읽기나 쓰기를 가르치지 않는다. 부모의 성향과 아이의 관심에 따라 조금씩 다르겠지만 미취학 아동들의 실력은 말하기와 듣기, 이름을 포함한 몇 가지 단어 쓰기 정도다. 하지만 그로 인해 핀란드 사람들의 수준이 낮아지는 일은 없다. 참고로 핀란드 국민의 문맹률은 0퍼센트에 가깝다.

핀란드에서는 아이가 말하기를 어려워하거나 특정 단어들에 어눌한 경우, 푸헤테라페우티Puheterapeutti 언어 치료사를 찾는다. 언어 치료 교육기관은 퍼블릭과 프라이빗, 두 가지가 있는데 프라이빗의 경우, 시간당 60유로에서 100유로약 8만~13만 원의 교육비가 든다. 이곳에서는 전문적인 교육보다 다양한 놀이 치료를 통해 아이의 문제점을 천천히 고쳐나간다. 아이가 어려워하는 발음을 고칠 수 있도록 도와주거나, 말하기 연습을 시키는 등 성장에 따라 언어 검진을 받고 개선이 필요한 부분은 교정을 받는다.

사리는 틈틈이 주변 사람들과 육아 정보를 공유한다. 하지만 마치 숙제를 하듯 엄마들이 한자리에 모여 토론을 하고 주기적으로 통화를 해서 상황 보고를 하는 방식은 아니다. 일상의 대화 속에서 어느 집 아이가 어떤 취미 활동을 하는지, 우리 아이의 키와 몸무게가 평균을 유지하는지, 요즘 아이들이 좋아하는 것이 무엇인지 등을 이야기하는 정도다.

"주변 친구들과 비슷하게 아이들을 키우는 건 많은 도움이 되지요. 첫아이를 낳고 둘째를 낳았을 때, 이미 한 번 경험했는데도 헷갈리거나 허둥대는 부분이 있거든요. 사소한 것부터 큰 이슈까지 다양한 것들을 공유할 수 있는 소통의 수단을 마련하는 게 중요한 것 같아요."

me, too FINLAND

me, too FINLAND

[그 여자, 사리 이야기]

핀란드 사람들은 핀란드 남녀가 평등한 삶을 살아간다고 말한다. 이론상으로 핀란드 여성과 남성은 배움은 물론 다양한 기회를 가질 가능성이 열려 있다. 하지만 여자들이 출산하는 순간 자연스럽게 남성과 여성은 동일하지 않는 상황이 된다고 사리는 말했다. 특히 산림 제품 마케팅 및 경제학을 공부한 사리는 산림 산업 분야가 전통적으로 남성들의 비중이 크기 때문에 가끔씩 여자들은 글라스 실링glass ceiling 유리 천장이라는 뜻으로 조직 사회에서 여성이 더 이상 승진하기 힘든 것을 의미할 때 사용된다을 깨지 못한다고 말한다.

"큰 회사들은 직원 대체 능력이 있지만 규모가 작은 회사들은 상황이 달라요. 예를 들어 똑같은 조건의 남녀가 있어요. 그리고 회사는 한 사람만 고용해야 할 경우, 정말 평등하게 고를까요?"

핀란드에서 여성이라는 이유로 고용하지 않는다는 일은 일어날 수 없다. 이 부분은 철두철미하고 법으로 금지되어 있기 때문이다. 하지만 핀란드 여자들은 회사들이 이런 부분에 있어서는 은근히 부당한 결정을 내린다고 느낀다.

지금은 전혀 다른 길을 걷고 있지만 사실, 사리의 어릴 적 꿈은 배우였다. 프로 배우를 꿈꾸기도 했지만 그 세계에 당도하기에는 재능이 부족하다고 느껴 진짜 꿈은 이루지 못했다. 하지만 사리는 아마추어 연극단에 소속되어 20년째 공연을 하고 있다. 공연이 있을 때는 일주일에 두 번씩 무대에 오르고, 공연을 앞둔 주말 저녁에는 다 같이 모여 연습한다. 덕분에 그녀는 공연 때마다 전문 배우 못지않게 불꽃 튀

는 연기력을 뽐낸다.

초등학교에 다니는 사리의 큰아들 아로는 지난봄 처음으로 엄마의 연극 공연장을 찾았는데, 연극이 끝나고 나서도 흥분을 가라앉히지 못하고 구구절절 이야기를 했다. 아로는 한참이 지난 지금도 가끔씩 재미있었던 장면이나 기억나는 대사를 디테일하게 기억해낸다고 한다.

"내년 봄 〈블랙 코미디Black Comedy〉라는 연극을 개봉하기 위해 연습 중인데 막이 오르면 두 아들에게 보여주기로 약속했어요. 그동안은 아이들이 긴 연극에 집중하기엔 아직 어리고, 많은 대사를 이해하기 힘들 거라고 생각했거든요. 그런데 지난번의 경험으로 생각을 바꿨어요. 연극은 제 인생에서 너무 중요한 부분이고, 엄마의 열정이 발휘되는 그 소중한 무대를 아이들과 함께 나눌 수 있다는 생각만으로도 좋아요. 프로가 아니면 어때요? 공연장에서 제 배역은 제가 아니면 안 될 만큼 빛이 나는걸요."

[좀 더 하고 싶은 말들]

사리의 도전은 한계가 없고 어느 것 하나 소홀히 하는 법이 없었다. 회사 일도, 연극도, 육아도 살림도 무엇 하나 버겁다고 말하거나 투덜거리지도 않았다. 육아와 회사에서 쌓인 스트레스는 연극을 통해 풀어나간다고 했다. 그렇게 다시 얻은 에너지로 또 한 주를 열심히 살아간다고.

"아이들이 좀 더 크면 여행을 많이 하고 콘서트와 공연을 자주 보러 다닐 거예요."

다방면에 관심이 있고, 호기심이 많은 사리는 앞으로 5년 뒤, 10년 뒤, 20년 뒤에 어떤 것을 해야 한다고 계획하기보다 어떤 것을 하고 싶은지에 방향성을 둔다. 나이는 상관없다. 그녀가 늦었다고 여긴 나이에 연극을 시작한 것처럼 말이다.

한나와 하리의 세 아이 키우기

5

: 엄마보다 더 위대한 사람은 없어! me, too!

Name : 한나Hanna
Born : 1978년
Lives : 반타Vantaa
Profession : 유치원 교사
Family : 남편 하리Harri, 장녀 아이노Aino,
차녀 엘라Ella, 막내아들 오울라Oula

me, too FINLAND

EIZO
BOLIST
STIGA
BYGGNADS
GROLLS
VOLVIA
Försäkring
elspar
KONICA MINOLTA
STIGA

[꿈이 '엄마'였던 여자]

① 그렇게 엄마가 되었다

엄마가 되어 가족을 만드는 것이 꿈이었던 여자 한나는 스물두 살이 되던 해에 결혼해서 다음해인 2001년 8월에 첫째 딸 아이노를 낳았다. 스무 살에 독립하자마자 현재의 남편이자 당시의 남자 친구였던 하리와 동거를 시작했다. 그러니까 한나는 단 한 번도 혼자 살거나 싱글 라이프를 즐겨본 적 없이 동거에서 결혼으로 삶이 자연스럽게 이어졌다.

"결혼하고 나서 전과 크게 달라진 건 없어요. 아! 한 가지 바뀐 것은 있어요. 제가 남편 성을 따른 부분이오."

한나와 하리는 결혼 날짜까지 확실히 잡은 상태에서 약혼하고 싶었고, 결혼하면 바로 아이를 낳는 순서를 지키고 싶었다. 세상을 향해 두 사람의 관계를 공식적으로 발표하고 싶어 했는데 그들의 결혼은 그 바람처럼 완벽하게 진행되었다.

첫아이 출산을 앞두고 한나는 조산사학회를 찾아가 분만을 위한 호흡법과 동작 트레이닝을 받았다. 출산 경험이 없던 한나에게 이 과정은 큰 도움이 되었다. 또한 가족 분만실도 미리 선택했기 때문에 출산의 모든 과정을 남편과 함께할 수 있었다. 첫아이를 낳고 2년 뒤 둘째 딸 엘라를 낳았고, 3년 뒤에는 막내아들 오울라를 낳았는데, 그 세 번의 임신 기간 동안 그녀는 일주일에 한 번씩 운동을 다녔고 가까운 거리는 늘 걸어 다녔다. 운동은 그게 전부였다. 채소와 과일을 임신 전보다 더 많이 먹고, 임신부를 위한 비타민을 복용했지만 나머지 부분은 달라진 게 별로 없었단다.

첫아이가 태어난 후 부부에서 부모가 된 이들은 오직 아이에게 포커스를 맞춘 삶을 시작했다. 아이 밥을 먹이는 것부터 시작해 아이 재우는 것으로 끝나는 하루. 한마디로 부부의 시간은 온전히 아이 중심으로 돌아갔다.

한나는 아이들 셋 모두 11개월까지 모유 수유를 했다. 그 이후에는 일반 우유를 마시게 했지만, 그전까지는 유제품 없이 오직 모유와 이유식만 먹였다. 모유 수유를 하는 동안은 신기하게도 세 아이 모두 젖병을 물려고 하지 않아 미리 모유를 짜놓을 수도 없었으며 친구들을 만나러 나갈 때도 늘 아기를 데리고 가야 했다. 혹시라도 아기와 동반하기 불편한 장소는 일체 가지 않았고, 장시간 외출도 삼갔다.

한나는 모유 수유를 할 수 있었던 총 33개월의 시간을 '행복한 고통'이었다고 말했다. 아이에게 엄마가 젖을 물릴 수 있는 시간은 이미 정해져 있으며 그 시간을 다 사용하느냐 하지 않느냐는 엄마의 선택에 달려 있는 것. 한나는 그 시간들을 절대 놓치고 싶지 않았다.

② 완벽한 엄마가 되고 싶었다

한나는 완벽한 엄마가 되고 싶었는데, 그녀가 말하는 완벽함이란 아이들이 엄마가 필요할 나이, 적어도 세 살까지는 누구의 손도 아닌 엄마의 손으로 키우는 것이었다. 첫째를 낳고 육아에 전념하다 첫아이가 두 돌이 되기 전에 둘째가 태어났고, 아이가 세 살이 되기 전까지 첫째와 같이 집에서 돌보았다.

그렇게 4년 동안 두 아이의 육아에만 전념한 뒤 직장인 유치원으로 복직했다당시 아이노의 나이는 네 살, 엘라의 나이 두 살 반이었다. 유치원 근무는 새벽 6시부터 밤 10시 사이에서 시간을 조정할 수 있었고, 한나는 보통 오후반을 맡아 일했다. 아침부터 점심까지 집에서 아이들을 돌보다가 오후 2시쯤 출근하는 스케줄이었다. 그 시간에 맞춰 친정엄마나 시어머니가 오셔서 아이들을 돌봐주시다가 오후 5시 이후부터는 퇴근한 남편이 아이들을 돌보았다. 덕분에 맞벌이 가정이어도 아이들을 다른 곳에 맡기거나 가족 없이 긴 시간 동안 다른 사람 손에 맡기지 않아도 되었다.

이렇듯 모든 상황이 안정적이었지만 한나는 일하는 중간중간 아이들이 너무 그리웠다. 다행히 이 시기에 한나의 배 속에는 이미 셋째가 자라고 있었고, 아이가 태어나면서 다시 육아 휴직을 받아 집에서 아이들을 돌볼 수 있게 되었다. 둘째 엘라가 세 돌이 지났을 때 막내 오울라가 태어났는데 아이들 셋을 한꺼번에 집에서 볼 수가 없어 딱 1년 동안만 딸 둘을 유치원에 보냈단다.

유치원에 복직한 한나는 풀타임으로 일하는 대신, 1년 동안만 하루에 여섯 시간씩 일하기로 했다. 엄마의 빈자리를 덜 느끼게 해주고 싶었기 때문이다. 아이들이 유치원이나 학교에서 돌아왔을 때 엄마와 함께 있으면서 같이 요리도 하고, 놀아주는 시간을 보내고 싶었다.

아이들이 초등학교와 중학교에 다니는 지금까지도 일이 생겼을 때 곧바로 오갈 수 있도록 한나는 1킬로미터 거리 안에 있는 유치원을 직장으로 정했다. 급한 도움이 필요할 만한 일들은 거의 생기지 않지만 집과 직장이 가깝다는 것만으로도 엄마인 한나는 물론 아이들도 심리적 안정을 느낀다.

③ 가끔은 냉정한 엄마이기도 하다

독립적인 삶을 강조하는 핀란드에서 아이들은 나이 들수록 스스로 해결해야 할 일들이 많아진다. 한나는 아이들이 자랄수록 재정적으로나 정신적으로나 부모의 도움 없이 살아가야 훗날 부모가 세상을 떠났을 때 덜 가혹한 상황에 놓이게 될 것이라며, 그때를 대비해 가능한 한 '도와주지 않는 육아'를 실천하려고 애쓴다. 누군가는 가혹하다고 할 수도 있겠지만, 부모가 언제나 도와주기만 한다면 아이들은 거기에 의존할 수밖에 없고, 그렇게 자란 아이들은 자립심이 다져지지 않는다고 믿기 때문이다.

한나는 또 아이들에게 "모든 것을 다 가질 수는 없으며 모든 것을 새로 살 필요도 없다"고 말한다. 실제로 아이들이 쓰는 물건들 중 많은 부분을 중고품으로 구매하거나 남이 사용하던 것을 얻어 쓰고 있다. 특히 아이들 취미 활동에 사용되는 용품들은 거의 다 물려받은 것들이다.

한나의 아이들은 나이에 비례해 용돈을 받는다. 집안일을 했다고 해서, 규칙을 잘 지켰다고 해서, 숙제를 잘하거나 공부를 잘했다고 해서 용돈을 더 주지는 않는다. 용돈의 배경에 규칙을 벗어난 여타의 이유들이 포함되어선 안 된다는 것이 그녀의 생각이다. 앞에서 나열한 상황은 당연히 해야 할 일이기 때문이다.

한나는 아이들이 어떠한 이유로 잘못을 하건 체벌은 절대 하지 않는다. 핀란드에서 아이들을 물리적으로 제압하는 일은 법적으로 금지되어 있으며 한나네 집에서도 금지다. 아이들과 항상 대화로 해결하고, 충분히 의견을 들어주고 격려하며 문제점을 찾는 것이 적절한 보호 방법이다. 여기에 한 가지 더, 아이들을 자주 안아준다.

[한나가 말하는 과거와 현재의 육아]

① 유치원 그리고 유아기의 교육

어린 시절, 아파트 뒷마당에서 또래 친구들과 자유롭게 놀 때, 한나의 부모님은 굳이 한나를 지켜보지 않았다. 그때를 생각하면 현재의 부모들은 과거보다 자식을 더 감싸며 키운다는 생각이 든다. 그 때문일까. 유치원 교사로 일하면서 드는 생각이 요즘 아이들은 힘은 더 좋아지는데 태도는 갈수록 흐지부지되는 것 같단다. 부모들이 아이들에게 어디까지 수용이 되고 안 되는지 명확한 선을 긋지 못하고 아이의 의견을 과하게 앞세우는 경향이 있다는 생각이 든다. "이거 하고 싶어?"라거나 "이거 먹고 싶어?" 같은 질문 말이다.

"부모가 아이에게 너무 쉽게 선택의 기회를 주기보다는 자제력을 기를 수 있도록 방향을 잡아주는 것이 옳다고 생각해요. 요즘은 아이들이 꽤 일찍 유치원에 가게 되니까 그런 자제력을 부모와 유치원이 함께 가르쳐야겠죠."

어느 나라든 마찬가지겠지만 핀란드 역시 아이들이 어릴 때부터 유치원에 보내는 것이 일반적인 일이 되었다. 대부분의 사람들이 일하기 때문이지만, 충분히 아이를 돌볼 수 있는 엄마들도 요즘은 아이를 유치원에 보내는 경우가 많다.

한나는 페르헤파이바호이타야perhepäivähoitaja개인이 자기 집에서 여러 명의 아이들을 돌보며 음식과 놀이를 제공하는 사람을 말한다. 한국의 가정 어린이집과 비슷하다가 존재하던 시절이 그립다고 했다. 한나가 어렸을 때는 아이들 대부분이 그런 데이 케어 장소로 가거나 엄마가 잘 아는 이웃집에 맡겨졌기 때문에 아이들은 아늑한 느낌을 주는 데이 케어 장소에서 자랄 수 있었다. 하지만 최근에는 사적인 시설을 믿지 않아 반드시 유치원에 보내야 한다고 생각하는 엄마들이 많다.

"저는 과거와 같은 데이 케어 시스템이 좋다고 생각해요. 요즘은 아기가 태어나면 첫아이는 어린 나이에도 불구하고 자동으로 유치원에 보내잖아요. 엄마들은 유치원에 무언가 매직이 있을 거라고 생각하는데, 사실 집에서 노는 것과 별다를 게 없거든요. 다섯 살 이상의 아이라면 이해하겠는데 너무 어린 아이들을 유치원에 보내는 게 과연 맞는 일인가 싶어요. 다른 아이들이 모두 유치원에 가버려서 우리 아이가 함께 놀 친구가 없을 것이라는 걱정, 유치원에 간 아이들은 매일 무언가 활동하는데 우리 아이만 집에서 놀고 있는 게 아닐까 하는 걱정은 모두 지나친 걱정이죠."

핀란드 심리학자들은 아이가 세 살이 될 때까지 가장 좋은 장소는 집이라고 말한다. 한나의 큰딸이 어릴 때만 해도 엄마가 집에서 아이들을 돌보는 경우가 많았다. 집 앞 놀이터나 공원에서 엄마는 아이와 놀아주었고, 덕분에 다른 엄마들과의 교류도 활발했다. 그러나 이제는 대부분의 아이들이 유치원으로 가버려 그런 풍경이 점점 줄어들고 있다는 점이 아쉽게 느껴진단다.

현재 핀란드 내에서 트렌드가 되는 육아법은 재사용할 수 있는 천 기저귀가 일반화되었다는 점이다. 한나도 막내를 키울 때 첫째와 둘째 딸에 비해 천 기저귀를 더 자주 사용했다. 하지만 집에서만 이용했을 뿐, 밖에 나갈 때는 종이 기저귀를 가지고 나갔다. 그런데 요즘 유치원 아이들을 보면 천 기저귀 사용 비율이 전에 비해 눈에 띄게 높아졌다. 친환경적으로 아이를 키우는 것이 엄마들 사이에 유행이 되고 있어 먹는 것, 입는 것, 유아용품까지 모두 친환경적인 아이템으로 바뀌고 있다.

② 일반 고등학교보다 직업 학교 선호

핀란드 신문에도 여러 차례 거론되었을 만큼, 현재 핀란드의 학생들은 일반 고등학교보다 직업 학교에 가는 것을 선호한다. 그동안의 취업난을 통해 대학 교육과 학위 같은 것이 기대했던 미래를 보장하지 못한다는 걸 직접 겪어본 젊은 세태의 반영이다.

한나는 아이들이 학교에서 최선을 다하는 것이 중요하다고 생각한다. 꼬박꼬박 숙제를 하고, 시험 보기 전에 공부하는 등의 가장 기본적인 것들을 지키는 일 말이다. 상위권 성적을 받는다면 만족감은 더 크겠지만, 아이들이 최선을 다했다면 그것으로도 충분히 만족스럽다. 하지만 중학생인 첫째에게만큼은 성적에 따라 앞으로 어떤 방향으로 공부하게 될지 결정된다. 예를 들어 일반 고등학교로 진학할지 직업 학교로 진학할지 정도의 이야기는 하게 된다.

아이가 어떤 결정을 내릴지 부모가 조정할 수는 없지만, 엄마로서 아이들 모두 공부를 잘해서 좋은 학교에 들어갔으면 하는 바람은 당연히 있다. 그 이후 아이들이 전공과 일을 찾을 나이가 되었을 때는 자신이 즐겁게 할 수 있는 길로 가는 것이 가장 바람직하지만 말이다. 물론 지금은 아이들의 사춘기가 별 일 없이 잘 지나가기를 바라는 것이 가장 큰 소원이지만.

③ 세 아이의 취미 생활

핀란드 엄마들에게 "아이에게 어떤 사교육을 시키고 있나요?"라고 물으면 없다고 대답하는 동시에 "어떤 사교육을 말씀하시는 거죠?"라며 되물을 것이다. 부족한 과목의 보충이라든가, 앞으로 할 공부를 미리 익히는 것을 말한다고 짧게 설명하면 "학교에서 배우고 있는데 왜 더 배워야 하죠?"라고 결론을 내린다. 다시 "특기나 적성을 위해 음악이나 미술 또는 운동 같은 걸 가르치나요?"라고 물으면 "아! 취미 생활을 물어보신 거군요?"라고 그제야 알았다는 듯이 반응한다.

그렇다. 핀란드에는 한국 스타일의 사교육이 없다. '그래도 있지 않을까?' 의심하는 눈초리를 보낸다면 그 눈빛을 당장 거둬야 할 것이다. 이들에게 사교육이란 앞서 말했듯이 취미 생활 정도에 불과하니까.

막내 오울라는 스카우트 활동을 하고, 축구 교실에 다닌 적이 있지만 지금은 하지 않는다. 대신 방과 후에 친구들과 동네에서 킥보드나 자전거를 타면서 오후를 보내고, 주말에는 아빠와 수영장에 가거나 집에서 보드게임을 한다.

둘째 딸 엘라는 축구팀에서 골키퍼를 맡고 있다. 주말에 단체 시합이 있으면 참여하지만, 경기가 없을 때는 엘라를 위해 골대를 설치해둔 마당에서 축구 연습을 한다. 큰딸 아이노는 친구들과 시간을 보내는 일에 많은 시간을 할애한다. 외모에 예민할 나이라 친구들과 쇼핑몰에 가서 즐기는 것이 요즘 아이노의 주된 관심사다. 친구들과 영화를 보러 가거나 서로의 집에 초대해 소녀들만의 수다를 떤다.

부부는 아이들에게 특정 취미 생활을 하라고 강요하지 않으면서도 어떤 취미가 어울릴지에 대해서는 항상 고민을 하면서 관심 있게 지켜보는 중이다.

세 아이의 하루 일과

첫째 딸 아이노

나이 : 13세(중학교 1학년)

기상 시간 : 새벽 6시 45분(알람 설정 후 스스로 기상)

집과 학교의 거리 : 4킬로미터(버스로 이동)

수업 시작 : 아침 8시 15분

하교 시간 : 오후 3시

방과 후 활동 : 매주 수요일 스카우트 활동

둘째 딸 엘라

나이 : 11세(초등학교 5학년)

기상 시간 : 아침 7시(알람 설정 후 스스로 기상)

집과 학교의 거리 : 1킬로미터 이내(도보 등교)

수업 시작 : 오전 8시 15분

하교 시간 : 오후 1시에서 2시 사이

방과 후 활동 : 매주 월 · 수요일 서커스 교실, 매주 화 · 수 · 목 · 금요일 축구 교실

막내아들 오울라

나이 : 8세(초등학교 2학년)

기상 시간 : 아침 7시~7시 30분(시간에 맞춰 깨워서 기상)

집과 학교의 거리 : 1킬로미터 이내(자전거로 등교)

수업 시작 : 오전 8시 15분 / 오전 9시 / 오전 10시 15분(수업에 따라 다름)

하교 시간 : 오후 12시 / 오후 1시 / 오후 2시(등교 시간에 따라 다름)

방과 후 활동 : 현재는 없음

[이 가족이 사는 법]

① 주택에 살고 싶다는 꿈을 이루다

세모 지붕의 예쁜 집들이 일정한 간격을 두고 모여 있는 조용한 동네에는 눈만 돌리면 빽빽하게 자리 잡은 나무들과 탁 트인 넓은 대지가 한눈에 들어온다. 이곳 반타에서 태어나고 자란 한나는 자연과 가까운 동네의 편안함 때문에 헬싱키 같은 대도시, 특히 번잡한 시내는 1년에 서너 번쯤이나 갈까 싶단다. 그마저도 친구들과의 모임이나 콘서트 같은 특정한 이유가 있을 때로 한정된다. 한나의 집에서 헬싱키까지는 그리 멀지 않은데도 복잡한 게 싫은 그녀는 대도시로 발걸음을 자주 하지 않는다.

이곳 아파트에서 쭉 살아온 한나네 가족은 막내가 태어난 후 좀 더 큰 집으로 이사해야겠다는 생각이 들었다. 여러 가지 방법을 생각하던 부부는 시에서 운영하는 토지에 지원했고, 당첨이 되면 그 위에 집을 짓자는 결론을 내렸다.

시에서 운영하는 토지는 일반 토지에 비해 가격이 매우 저렴하다는 장점이 있는데, 문제는 당첨되기가 어렵다는 것. 하지만 운 좋게도 한나네 가족은 지원 대기자 중 가장 높은 포인트를 얻을 수 있었다. 부부 모두 반타에서 오래 살았다는 점, 세 명의 자녀 역시 모두 이곳에서 태어나 자라고 있다는 것 등 여러 가지로 점수를 많이 받은 덕분이다. 비슷한 점수를 가진 21가구 중에서 9가구만 선택되는 최종 심사에 합격한 뒤 꿈에 그리던 집을 지을 수 있게 되었다.

이 집은 네 개의 방과 주방, 거실 그리고 큰 마당을 가지고 있다. 핀란드 사람들이 주택을 지을 때 최대한 크게 짓거나 이층집을 선호하는 것에 비하면 한나네 집은 간소하다. 아파트에 사는 친구들은 놀러 올 때마다 집이 크고 좋다고 말하지만 이웃 집과 비교했을 때는 큰 집들 사이에 쏙 숨어 있는 집처럼 작고 아담하다.

그녀의 집 가구는 대부분 이케아 제품이다. 단, 소파와 침대는 이케아보다 좋은 품질을 원해 핀란드 브랜드 이스쿠Isku에서 샀다. 만약 가격에 구애받지 않고 자유롭게 가구를 고를 수 있는 기회가 온다면 그녀는 단연 아르텍을 선택할 것이다.

"브랜드 가구만을 좇아서 살 수는 없어요. 제 직업은 유치원 교사이고 월급이 많지 않아서 무리하고 싶진 않아요. 그러니 지금은 이케아에 만족해야 해요."

다른 핀란드 집과 마찬가지로 중고 제품도 많다. 한나네 6인용 식탁 의자들은 전부 플리마켓에서 찾은 것들. 플리마켓에서 산 가구들은 한눈에 봐도 옛날 제품이지만 상태가 꽤 좋다. 남편 하리의 이모할머니로부터 물려받은 작은 장롱1950년대 제품도 거실 중앙에 놓아두었다. 거기에다 둘째의 방에 있는 책상은 100년이 넘은 것이다. 그런데도 앞으로 100년은 더 거뜬히 사용할 수 있을 만큼 튼튼하다.

② 늘 부지런을 떠는 여자

모델하우스처럼 완벽하게 정리되어 있어서 아이가 셋이나 있다고는 믿기 힘든 한 나네 집에는 갓 구운 바나나 케이크 냄새가 가득했다핀란드에서는 주말에 자녀와 함께 파이나 케이크를 만드는 일이 하나의 문화처럼 자리 잡고 있다. 베이킹을 좋아하는 한나는 음식 만드는 일 보다 빵 굽는 일에 더 많은 시간을 할애한다. 그리고 요리하는 엄마 옆에는 언제나 딸 아이노와 엘라가 있다. 바비 인형처럼 빛나는 머릿결을 가진 아이들은 누가 먼저랄 것도 없이 부엌에서 엄마를 도와 식탁 위에 음식을 세팅한다.

그녀는 매일 아침 이른 새벽에 일어나 출근 전 청소를 한다. 보기 좋게 살 집이 있고 건강해 보이는 피부색을 가진 그녀는 무엇보다 청결 유지에 프라이드를 가지고 있다. 집 안이 깨끗하다는 걸 감지했을 때 비로소 눈과 마음에 평화가 생기고, 아이들 모두 엄마를 닮아서인지 아니면 엄마의 영향을 받아서인지 매우 정갈하다. 특히 식사 시간에는 그릇 밖으로 음식을 흘리는 법이 없고, 중간중간 냅킨을 사용하며 식사를 할 정도였다.

청결 유지를 위한 집안일은 한나만 하는 것이 아니다. 아이들은 각자의 방을 깨끗이 치워야 한다. 아침에 일어나면 각자 침대 정리를 하고, 책상 위는 어지럽히지 않으며, 바닥에 무언가를 늘어놓지도 않는다. 매주 금요일의 대청소 역시 가족 모두가 참여한다. 아이들은 식기세척기에 그릇을 넣고 비우기, 굴러다니는 먼지 버리는 일, 쓰레기통 비우는 일, 빨래 너는 일 등을 돕는다. 한나는 아이들이 지금보다 더 어렸을 때부터 집안일을 같이 해왔으며 공동으로 사용하는 집을 치우는 일은 누구 한 사람만의 일이 아니라는 것을 항상 가르친다.

남편 하리는 설거지와 함께 정원에서 벌어지는 일들을 해결한다. 꽃을 심고, 잡초를 뽑고, 줄기를 다듬는데 그 옆에서 한나는 돌멩이를 나르거나 정원 테라스에 오일을 발라 윤기 내는 일을 한다.

집안일이라는 것이 시켜서 하는 것과 스스로 각자 알아서 하는 것에는 큰 차이가 있다. 전자의 경우 시키는 자와 하는 자 간의 마찰이 일어나고 결국 둘 다 피곤해진다. 그런 면에서 한나는 남편 하리와 하는 청소까지도 마음이 맞는다고 했다. 그건 둘 다 정원 돌보기도, 집안일도 때에 맞춰 해야 한다는 것을 알기 때문이다.

이런 한나도 아이들이 어렸을 때만큼은 지금처럼 집을 치우지 않았단다. 너무 정리된 상태에서 아이들을 키우는 것도 발달 과정에 좋지 않다고 생각했기 때문이다. 대신 게임을 통해 아이들 스스로 치우는 법을 가르쳤다. 예를 들어 "블루베리 컬러인 파란색 장난감을 다 주워 담자"라거나 "해님 컬러인 빨간색 블록을 다 주워 담자" 같은 말로 유도하는 것이다. 물론 이 방법이 늘 통하는 것은 아니어서 남편이 퇴근 후에 어질러진 장난감들을 치울 때도 많았다.

③ 냉장고에는 언제나 미리 만들어둔 음식이!

한나와 하리는 결혼 전 동거를 시작할 때부터 살림 비용을 50대 50으로 나눠서 냈다. 지금도 그 부분은 변함없지만 어차피 돈은 공동 계좌로 모이고, 생활비나 아이들을 위한 돈으로 사용되기 때문에 그 의미가 크지는 않다.

부부 모두 알뜰한 편이지만, 적어도 음식만큼은 아끼지 말고 잘 먹자는 주의다. 생활비에서 가장 큰 몫을 차지하는 것도 식품 구매다. 매주 일요일에 두세 가지 요리를 한꺼번에 만들어 냉장고에 넣어둔다. 남편이 도시락을 싸 가지고 가거나, 부부가 퇴근하기 전에 학교에서 돌아온 아이들이 간단히 데워 먹을 수 있게 준비해두는 것이다.

부지런 떠는 것을 좋아하는 엄마인 한나는 아이들 식단에 특히 더 신경을 쓰는 편이라, 전자레인지에 돌리기만 하면 되는 간편 조리 음식은 절대 사지 않는다. 음식은 비단 건강에만 영향을 끼치는 것이 아니라, 건강한 심성으로 키우는 일에도 영향을 준다고 믿기 때문에 늘 엄마가 손수 만든 음식들을 먹이려고 애쓴다.

식사 때마다 채소와 과일을 넉넉히 주는 것도 빼놓지 않는다. 여름에는 정원에서 자라는 양파와 감자, 상추, 호박, 당근을 아이들이 쑥쑥 뽑아 먹을 수 있게 한다. 그러느라 정말이지 몸 쉴 틈이 없는 엄마다.

me, too FINLAND

family _ five

[한나가 들려주는 핀란드 이야기]

① 핀란드 유치원에 대하여

"핀란드 유치원 교사의 폭력에 대해선 단 한 번도 들은 적이 없어요."

핀란드에서는 집과 학교, 유치원, 공공장소 등 어디에서든 아이들에 대한 신체적 체벌이 금지되어 있다. 머리를 잡아당기거나 손등을 살짝 때리는 것도 불법이다. 한국 유치원에서는 가끔 교사의 폭력이 문제가 된다는 이야기를 했더니 그런 일은 감히 상상도 할 수 없다고 말했다.

몇 해 전, 사회적 파장을 불러일으키며 재판으로 넘어간 사건이 하나 있었다. 유치원 교사가 점심시간에 아이들을 의자에 묶어놓고 모두 똑같은 자세로 음식을 먹게 한 사건이었다. 이것이 한나가 유일하게 기억하는 핀란드의 유치원 내 폭력이란다. 핀란드 유치원에서는 아이들에게 음식을 다 먹으라는 강요도 하지 않는다모든 유치원이 그런지는 모르겠지만 한나의 유치원은 음식을 먹기 싫으면 남겨도 된다. 대신 나이대로 먹으라고 아이를 북돋우기는 한다. 예를 들어 네 살이면 네 번의 숟가락질 또는 네 번의 포크질을 하라고 말하는 식이다. 핀란드 유치원의 점심시간이 전쟁터가 되지 않는 이유 중에는 아이들 스스로 먹고, 그릇을 가져다 놓는 등 식사 예절이 갖춰져 있기 때문이다. 음식이 바닥에 떨어지면 당연하다는 듯 아이들 스스로 치운다. 물론 세 살 이하의 어린아이들은 선생님의 도움이 필요하지만 말이다.

핀란드의 유치원에서도 1년에 한 번씩 학부모 상담 기간을 갖지만, 평소 픽업 시간에 교사와 부모가 짬짬이 이야기를 나누는 식으로 소통하는 일이 많다. 대부분의 부모들은 유치원에 후한 점수를 주는 대신 요구 사항도 많다. 자신의 아이에게만 신경 써주길 원하고, 잘해주기를 기대한다.

하지만 한나는 그런 일이 불가능하다고 말했다. 차별을 할 수 없을뿐더러 단체 생활에서는 아이가 아무리 어려도 질서를 따라야 한다고 생각한다. 예를 들어 유치원 내 모든 아이들의 먹는 시간과 자는 시간은 같다. 야외 활동 시에는 아프거나 나가기 싫어도 모두 밖으로 나가야 한다. 혼자만 선생님과 단둘이 교실에 있을 수도 없다. 그러니 아이가 아프면 유치원에 보내지 않고, 부모가 돌보아야 한다 핀란드에서는 아이가 아플 때 엄마나 아빠는 직장에 가지 않고 아이를 돌볼 정당한 권리가 있다.

"유치원은 부모가 일하는 동안 아이들에게 가장 안전하고 편한 환경이 되어야 해요. 모든 유치원 교사들이 이런 가장 기본적인 원칙을 충분히 숙지하고 또 지키죠. 아직까지 한 번도 본 적은 없지만, 혹시라도 교사에게 정신적인 한계가 온 상태라면 절대 숨기지 말고 동료 교사들에게 이야기한 다음, 의료 서비스를 받아야 해요. 그래야 아이들에게 자신의 감정을 내보이는 실수를 하지 않을 테니까요."

② 핀란드 사회복지에 대하여

한나는 핀란드 복지에 대해 전반적인 만족감을 표했다. "핀란드에서는 국민이 세금을 얼마큼 내고 어떻게 쓰이는지 공개적이며 그 과정이 확실하고 철저해요." 무료 의료 혜택, 무상 교육, 길게 가질 수 있는 육아 휴직 등 혜택이 잘 갖춰져 있다. 특히 임신과 출산 때문에 직업을 잃지 않아도 되는 여성 복지는 최고의 정책이라고 말했다. 출산 후에도 복지는 이어진다. 아이를 탁아 시설에 맡기기 위해 신청만 하면 지방 자치제는 최대 4개월 안에 데이 케어 자리를 만들어낸다. 만약 엄마가 직업이 없는 상태에서 데이 케어를 신청했다가 기다리는 동안 직업이 생겼을 경우에는 조금 더 서둘러 2주 안에 데이 케어 장소를 마련해준다. 엄마가 출근하는 데 지장받지 않도록 시스템이 갖춰져 있는 것이다.

③ 핀란드의 육아 휴직 & 육아 지원금에 대하여

핀란드에서는 아기가 태어나면 출산 휴가와 육아 휴직을 쓸 수 있다. 예전에는 주로 엄마가 육아 휴직을 받았는데 요즘은 아빠들도 많이 이용하는 추세다. 좀 더 구체적으로 설명하면 '육아 휴직'은 '출산 휴가'와는 별개로 운영되는 사회보장제도로, 아이가 세 살이 될 때까지 집에서 육아에 전념할 수 있으며, 엄마와 아빠 두 사람이 휴직 기간을 나눠 쓸 수 있다. 물론 이런 제도는 육아 휴직 이후 회사로 복직된다는 전제 조건하에 이루어진다. 대신 출산 휴가처럼 매달 월급을 받지는 못하고, 정부에서 따로 마련한 보조금 '육아 수당'이 지원된다. 보조금은 아이가 세 살까지 3년 동안 매달 약 342.63유로^{약 45만 원}가 지급된다. 이 지원금은 시에서 운영하는 데이 케어 센터에 아이를 보내지 않을 경우에만 지급되는데, 엄마 또는 돌봐주는 사람이 아이를 돌보는 데 필요한 비용과 일종의 노동비를 주는 것으로, 아이를 데이 케어 센터에 맡길 경우 정부 지원금보다 적은 돈으로 아이를 돌볼 수 있기 때문이다. 이외는 별도로 매달 추가로 '육아 지원금'도 있다. 금액은 매달 최대 183.31유로^{약 25만 원}이며, 이것은 가족 구성원의 수입에 따라 달라진다. 예를 들어 3인 가족이 한 달에 3380.06유로^{약 450만 원}를 넘게 벌거나 4인 가족 또는 그 이상의

me, too FINLAND

가족이 한 달에 4020.32유로약 530만 원를 넘게 벌면 추가 지원 혜택은 받을 수 없다. 육아 지원금은 아이 수에 상관없이 딱 한 명에게만 지원된다. 마지막으로 '융통성 있는 수당'굳이 한글로 번역하자면도 있는데, 주중 일한 시간이 22시간 반 또는 그보다 적을 경우 매달 244.18유로약 33만 원를 받을 수 있다. 육아 수당보다는 적지만 시에서 운영하는 데이 케어 센터에 보내도 지원금을 받을 수 있다는 것이 장점이다. 이렇게 다양한 지원 정책과 지원금은 매년 조금씩 차이가 있으며, 세금을 제하고 지급된다.

한나도 아이들을 키울 때 두 가지 휴가를 다 사용했는데 육아 휴직 기간에는 남편 혼자 벌었기 때문에 짜임새 있게 살림해야 했지만 돌아갈 직장이 있고 보조금이 알맞게 주어졌기 때문에 육아 휴직을 요긴하게 사용할 수 있었다.

핀란드 정부의 출산 선물 '엄마 상자'란?

핀란드에는 '엄마 상자Äitiyspakkaus'라는 게 있다. 출산을 앞둔 엄마에게 국가가 주는 종합 선물 세트이다. 이 제도는 1937년, 가난한 사람들을 위해 만들어졌다. 그때만 해도 가난해서 아이를 낳지 않는 사람들이 늘어나는 추세였고, 출산율은 계속 감소했다. 이에 대한 개선책으로 법이 만들어진 것. 1949년부터는 모든 사람들에게 이 법이 적용되었다. 엄마 상자에는 꼭 필요한 물건들이 들어 있다. 예비 산모들이 준비하는 출산 준비물의 기본 품목은 당연히 갖춰져 있고, 아기 옷도 우주복에서 일상복까지 골고루 들어 있다. 요와 이불, 매트리스와 매트리스 커버, 장난감에 동화책, 기저귀와 산모용 생리대, 심지어 부모를 위한 콘돔이나 수유 패드 등 그야말로 친정엄마의 선물 같다고나 할까. 산모 개개인이 따로 준비하지 않아도 좋은, 완벽한 구성이라고 할 수 있다. 엄마 상자는 출산 2개월 전부터 신청할 수 있으며 신청한 뒤 2주 안에 받을 수 있다. 내용물은 해마다 조금씩 바뀐다.

[그 여자, 한나 이야기]

한나는 지나칠 정도로 직장에 대한 사랑이 크다. 동료들과의 관계도 좋고, 함께 일하는 팀도 매우 훌륭하다며 자신 있어 했다. 무엇보다 아이들을 위해 일한다는 사실이 한나를 행복하게 만든다.

돌이켜보면 다섯 살 때 이미 유치원 선생님이 되겠다고 말했고, 그 이후로 단 한 번도 다른 길은 생각해본 적이 없단다. 고등학교를 졸업한 뒤에는 정식 교육 과정을 밟기 위해 학교를 찾아보았지만, 당시 핀란드에는 관련 학교나 전공 학과가 없었다. 세월이 흐른 뒤 라히호이타야Lähihoitaja 다른 사람을 돌보는 사람 자격증을 딸 수 있는 교육 과정이 생겼다. 여기서 모든 과정을 이수하면 복지사나 보육 교사, 두 가지 분야에서 일할 수 있게 된다.

조금 늦었지만 대학에 입학해 깊이 있는 공부를 하고 싶었던 차에 어떤 가족으로부터 개인 보육 교사가 되어달라는 요청을 받아 대학 공부 전에 개인 보육 교사가 되어 10개월 된 남자아이와 세 돌을 앞둔 남자아이 돌보는 일을 시작했다. 하지만 그녀는 얼마 되지도 않아 바우바쿠메Vauvakuume '아기'라는 뜻의 vauva와 무언가를 간절히 원할 때 '열'이라는 의미의 '쿠메kuume'가 합쳐져 아기를 몹시 원하는 상태를 말한다에 걸렸다. 그동안 하고 싶었던 일이 자신에게 얼마나 잘 맞는지를 확인한 셈이 된 것이다.

그 집에서는 1년 계약이 지난 후에도 계속 함께하기를 원했지만 한나는 자신의 아이를 낳아 기르고 싶어 일을 그만두었다. 그 후 바로 임신을 했고, 아이노가 태어났다. 임신과 출산 때문에 대학 진학이 미뤄지고, 종국에는 중단되었지만 한나는 단한 번도 임신이 자신의 앞날을 방해했다고 생각한 적이 없고, 후회하지도 않는다. 아주 가끔씩 그때 공부를 했으면 어땠을까 하고 생각하지만, 마음만 먹는다면 지금도 얼마든지 가능한 일이라 아쉬움은 없다.

평소에도 늘 프로젝트를 구상하고, 그것을 실행하기 좋아하는 그녀. 지난여름에는 친구들과 사흘간의 캠핑을 다녀왔고, 1950년대 복장으로 파티를 준비해 모이기도 했다. 이런 색다른 프로젝트들은 호수처럼 잔잔한 그녀의 일상 속에 행복한 일탈이 되어준다.

운동을 좋아하는 한나는 일주일에 한 번씩 플로어볼을 하고, 서너 번씩 러닝을 하고, 남편과 함께 스노보드를 탔다. 그런데 어느 날부터 무릎이 아프기 시작해 검사를 했더니 무리한 운동으로 인해 관절에 이상이 생겼다고 하여 지금은 무릎 치료에 전념하고 있다. 이렇듯 액티브한 취미를 즐기지만 무릎 통증 때문에 취미 생활이 조금 차분해진 상태. 대신 음악을 들으며 천천히 동네를 걷고, 거실에서 피아노를 치기도 한다.

me, too FINLAND

[좀 더 하고 싶은 말들]

한나의 삶은 '엄마' 그 자체다. 처음부터 끝까지 엄마다웠고, 세 아이의 엄마로 살아가는 삶이 고단하거나 딱해 보이기는커녕, 마치 어린 소녀가 하얀 도화지 위에 그린 그림을 현실로 만들어가는 과정처럼 보였다. 설령 그것이 완벽하진 않더라도 자신이 그린 그림 안에서 행복해하는 모습이 역력했다. 그런 한나가 인생에서 가장 중요하게 생각하는 것은 1초도 생각할 것 없이 가족이다.

"친정엄마가 쉰아홉에 암으로 돌아가셨어요. 그래서인지 내가 그 나이가 됐을 때 엄마처럼 나도 암으로 죽게 되면 어떡하지? 하는 걱정이 있어요. 엄마가 돌아가시기 전, 병원에서 이런 말씀을 해주셨어요. 핀란드 사람 네 명 중 한 명은 암으로 죽는다고요. 간절히 바라건대, 내가 죽기 전까지 아이 셋 모두 결혼해서 자기 아이들을 낳고 잘 사는 모습을 보고 싶어요. 나의 자식들, 손주들, 손주들의 자식들이 계속 잘 살아갔으면 하는 바람이에요."

가족에 관해 이야기할 때에는 그녀의 마음속에서 깊숙한 울림이 느껴졌다. 어린 나이에 인생의 반려자를 만났고, 세 아이의 엄마가 되고 싶었던 그 바람을 남편 하리를 통해 이뤘다. 그리고 아직도 처음과 같은 마음으로 그를 사랑하고 있다.

세 아이의 엄마, 남편의 아내, 유치원 교사로 어찌 보면 되돌이표 같은 일상이지만 한나는 일상의 작은 순간들을 놓치지 않고 그것을 행복으로 승화시키고 있었다. 여름에는 집 주변의 숲에서 베리를 따다 저장하고, 가을에는 버섯을 채집해 말리는 지극히 가정적인 삶은 한나가 할머니가 되는 그날까지 계속될 것이다.

핀란드 사람들은 영어와 친하다

핀란드 사람들은 모두 영어를 잘한다. 이렇게 말하면 감이 오지 않을 것 같아 몇 가지 예를 들어 말하고 싶다. 길에서 처음 보는 사람에게 영어로 질문을 해보자. 능숙하게 대답하는 사람이 열 명 중 아홉이다. 나머지 한 명은 능숙하진 못해도 최선을 다해 말해준다.

몇 년 전, 내가 사는 아파트 앞에서 반나절 이상 공사를 한 적이 있었다. 소음을 견디다 못해 달려가서 언제 끝나느냐고 영어로 물어봤더니 공사 현장의 인부가 오후 6시 전까지는 끝날 예정이니 조금만 기다려달라고 대답해주었다.

'아! 이 사람마저 영어를 잘한단 말인가?'

그들을 무시하는 발언은 절대 아니지만, 누구를 만나든 결과는 같다. 도서관 사서를 만났을 때도, 길에서 할머니에게 길을 물어도 영어로 물으면 영어 답변이 돌아온다. 영어를 잘하는 사람들이 절대다수다. 다들 영어의 은혜를 받았나 보다.

남편의 친구들을 만날 때나 어떤 자리에서든 나를 제외한 모두가 핀란드 사람들일 경우, 전부 영어로 대화를 시작한다. 내가 대화에 참여하든 그냥 듣고만 있든 관계없이 영어로 얘기를 한다. 내가 혹시라도 소외감을 느낄까 싶어 배려하는 것이다. 그러다 어느 순간, 자신도 모르게 핀란드어로 얘기를 하게 되면 미안하다고 사과한다. 그러면 그들을 한순간에 죄인으로 만들어버린 나는 몸 둘 바를 몰라 쩔쩔맨다.

어쨌든 핀란드 사람들은 영어로 대화를 하든, 핀란드어로 대화를 하든 마치 두 개의 모국어를 사용하는 것만큼 자연스럽다.

나는 이 의문을 밝히기 위해 만나는 핀란드 사람들 남녀노소 나이에 관계없이 "영어를 어떻게 공부했나요?" 질문을 해댔다. 그리고 이 질문에는 모두 같은 대답을 내놨다. 첫 번째는 학교 영어 시간에 배웠다는 것, 두 번째는 영국이나 미국 TV 프로그램 덕분이라고 말했다.

남편이 TV에 나오는 영어를 보고 듣고 했더니 어느 순간 말하게 됐다고 했을 때 그게 말이 되느냐고 코웃음을 치며 귓등으로도 안 들었는데 이쯤 되니 이들이 보는 TV에는 영어 잘하는 강좌라도 있나 싶었다.

미국 영화나 드라마 시리즈를 볼 때는 더빙이 아닌 원어에 핀란드어 자막을 함께 본다. 새 언어를 모방하고 이해하는 데 이만큼 큰 도움이 되는 것은 없다고 말한다. 남보다 빨리 영어 교육을 받는 것도 중요하지만 그보다는 정기적으로 꾸준히 영어를 노출시키는 것도 중요하다고 말했다(사실 핀란드의 영화나 드라마가 별 흥미를 끌지 못하는 이유도 있고!).

핀란드 학교의 외국어 시간에는 절대 모국어를 사용하지 않는다. 스웨덴어 수업 시간이면 스웨덴어로, 영어 수업 시간이면 첫인사부터 영어로 한다. 이건 내가 핀란드에서 핀란드어를 배워서 아는데, 아무것도 모르는 상황에서도 선생님은 무작정 질문을 하고 답을 요구한다. 수영도 못하는데 나를 바다에 던져놓고 물고기를 잡아오라는 식이다. 개인적인 생각을 보태자면 이 방법은 통하는 자와 통하지 않는 자가 따로 있는 것 같다. 단어를 보여준 다음, 한 번 읽어보고 그 뜻을 알고 있으면 더 잘 들리는 나 같은 경우도 있다.

남편은 헬싱키에 있는 프랑스 학교를 초등학교부터 고등학교까지 12년 동안 다녔다. 여섯 살 때 간단한 테스트를 거쳐 유치원Pre school에 입학했는데 1년 동안 게임, 낱말 맞추기, 스펠링 쓰기, 선생님이 동화책 읽어주면 듣고 내용 이야기하기 등 노는 식 위주의 공부를 했단다. 물론 수업은 처음부터 끝까지 프랑스어였다.

"핀란드어도 제대로 모르는 상태에서 프랑스어로 산수를 배워야 했어."

교실 뒷자리에는 핀란드어로 수업을 도와주는 보조 선생님이 있었지만 프랑스어를 전혀 못하던 꼬마 티무에게 1년 동안의 '프랑스어 감 익히기'는 굉장한 도움이 되었다. 일곱 살이 되기 전에 특정 언어에 노출되면 성공할 가능성이 높다는 말이 있듯, 남편은 어릴 때 핀란드어와 프랑스어를 동시에 사용했던 것이 아주 큰 도움이 되었다고 말한다. 스펀지처럼 흡수할 수 있었기 때문에 받아들이는 시간도 빠르고, 언어라는 장벽에 거부감 없이 쉽게 다가갈 수 있었다고. 언어에 남다른 재능이 있는 건지 아니면 정말 어릴 때부터 자연스럽게 다양한 언어를 습득했기 때문인지 모르겠지만 남편은 모국어인 핀란드어를 포함해 5개 국어를 한다.

남편은 여섯 살 때 놀이터에서 놀다가 우연히 핀란드 국적을 가진 인도네시안 친구를 만났는데 둘은 보통 남자아이들이 그렇듯 게임을 하고, 만화 프로그램을 같이 보는 사이였다. 열 살 되던 해, 게임기에서 나오는 짧은 영어들을 따라 하고 싶었던 둘은 소위 영어에 꽂히게 된다. 둘이 만나기만 하면 영어로 말하기 시작했다.

집에서는 부모님과 핀란드어로, 학교에서는 프랑스어로, 다른 학교를 다녔던 인도네시안 친구와는 영어로 그렇게 세 가지 언어를 사용했다는 것이다. 지금도 둘은 영어로 대화를 한다. 남편은 게임 속에서도 영어를 배울 수 있고, 만화책 안에서도 영어를 배울 수 있다고 말한다.

문득 영어 잘하는 아이를 만들기 위해 큰돈을 쏟아붓고 있는 우리나라 사람들이 생각났다. 그래서일까. 핀란드 사람들이 영어를 잘하는 이유를 알고 나니 더 기운이 빠졌다. 김빠진 콜라처럼 밍밍한, 이유 같지 않은 이유를 천연덕스럽게 말하고 있으니 말이다. 마치 뭔가 알고 있으면서 알려주고 싶지 않은 고급 정보라도 되는 것처럼 더 궁금해진다.

하지만 수많은 의문에도 불구하고 결과를 보면 확신하게 된다. 이들이 영어를 잘한다고 해서 모두 현란한 말솜씨를 뽐내는 것은 아니다. 여기서도 '핀글리시'라는 말이 있다. 하지만 핵심은 영어에 대한 이들의 자세에 있다. 발음이 조금 부정확해도, 문법이 살짝 엉성해도 늘 최선을 다하며 당당하다. 우리가 영어와 친해지지 못하는 이유는 너무 이것저것 재고 있는 까닭인지도 모른다. 완벽해 보이고 싶은 마음에 스스로 위축되거나, 다른 사람들이 영어를 할 때 과도하게 기대하거나, 무언의 지적을 하는 습관이 문제일지도. 생활 속에 영어가 자연스럽게 늘 수 있도록 얽매임에서 벗어나야 할 때다. 아. 그리고 영어를 잘한다고 해서 나르시시즘에 빠지지 않는 이들의 마인드도 따라 해볼 만하지 않을까?

옌니와 가브리엘레의 국경 없는 사랑

6

Name : 옌니 Jenny
Born : 1986년
Lives : 반타 Vantaa
Profession : 커뮤니티 매니저 Community Manager
Family : 약혼자 가브리엘레 Gabriele, 딸 엠마 Emma

me, too FINLAND

[이탈리아 남자와 핀란드 여자가 만났을 때]

"내 인생은 이탈리아인 가브리엘레를 만나 360도 달라졌어요. 여행을 좋아하고 모험심이 강한 가브리엘레에게 위험을 감수하는 법을 배웠고 새 문화를 받아들였어요. 오감을 만족시키는 이탈리안 음식에 영감을 받아 이탈리아어를 배우기 시작했죠. 그리고 내 인생에서 가장 잘한 일, 사랑하는 딸 엠마를 가브리엘레와 함께 만들었어요. 엠마는 영어와 핀란드어 그리고 이탈리아어를 들으며 자랄 거예요. 생각만 해도 멋진 일이에요!"

고등학교 졸업 후, 인터넷을 통해 우연히 오페어Au pair오페어는 외국인 가정집에 일정 기간 동안 아이를 돌봐주거나 기타 집안일을 도우면서 숙식과 식사를 제공받고 일정한 급여도 받을 수 있는 일이다. 오페어를 구하는 가정이라면 국가별 어디라도 지원 가능하다 프로그램에 대해 알게 되었다. 옌니는 경비 없이 외국에서 일할 수 있다는 생각에 미국인 가정집으로 오페어를 지원했고,, 그길로 미국 뉴욕으로 가게 되었다.

그녀가 일하게 된 곳은 전형적인 미국인 스타일옌니의 표현에 의하면의 유대인 가족이 사는 집이었다. 그곳에서 옌니는 세 살짜리 남자아이를 돌봐주었다. 새로 만난 미국인 가족의 문화와 방식은 이방인 옌니도 단숨에 적응하게 만들어버릴 만큼 친화력이 있었다.

그들은 핀란드 사람들과는 정반대였다. 처음부터 옌니를 두 팔 벌려 환영해주었으며 보자마자 가족처럼 살갑게 대해주었다. 옌니의 시각에서 미국인들은 한마디로 'Happy'한 사람들이라고 했다. 미국 사람들은 핀란드 사람들처럼 조용하지도, 지나치게 수줍어하지도 않고 너도나도 친구가 되는 문화였다고. 옌니가 지금까지 가까이 지내는 친구들은 모두 그때 미국에서 만난 사람들이다.

옌니에게 1년 반 동안의 뉴욕은 판타지 버블과 같은 곳이었다. 그녀가 속해 있던 유대인 가족의 삶은 과장되고 사치스러웠으며, 원하는 것은 다 가질 수 있을 것만 같은 부자였다. 뉴욕의 그 집은 수영장이 딸려 있는, 핀란드에선 본 적이 없는 화려한 저택이었다. 옌니는 집주인이 아니었지만 그 속에 있다 보니 호사 아닌 호사를 누리는 기회도 가질 수 있었다. 미국에서 돈을 많이 벌어 이렇게 살면 어떤 기분일까라는 생각이 들 때도 있을 정도였다.

처음 계약은 1년이었지만 부쩍 실력이 늘고 있는 영어를 조금이라도 더 제대로 익히고 싶어 6개월을 더 연장해 일했다. 하지만 궁극적으로 그들이 지향하는 삶과 옌니의 꿈은 다르다는 것을 알게 되었다.

"제 인생의 전환점이었던 스무 살에 미국으로 떠난 것은 가장 잘한 결정이었어요. 계약을 마치고, 더 이상 미국에서의 볼일이 없어졌는데 핀란드로 돌아가고 싶지 않았죠. 처음 집을 떠나 지낸 곳이 뉴욕이라는 대도시였기 때문에 다른 곳으로 떠나는 일에 겁을 덜 먹었던 것 같아요."

미국에서 네덜란드로 건너간 그녀는 암스테르담에서 경영학을 전공했다. 그 학업 과정의 일부였던 인턴을 스페인 바르셀로나에서 하게 되었고, 인턴을 시작한 회사에서 지금의 약혼자를 만났다. 이탈리아 태생의 멋진 남자 가브리엘레가 같은 회사에서 일하고 있었던 것이다.

인턴 생활이 일주일쯤 지났을 때, 가브리엘레가 일하는 층에서 함께 일할 기회가 생겼고 둘은 우연히 복도에서 대화를 하게 되었다. 이야기를 나누다 보니 서로 말이 잘 통한다는 것을 알게 되었고, 회사 밖에서 맥주 한잔을 더 하자는 이야기 끝에 첫 데이트가 시작되었다. 그래서일까. 옌니에게 바르셀로나는 사랑도, 날씨도, 모두 다 뜨거운 태양의 도시다.

[약혼을 했다, 부모가 되었다]

국경 너머에서 꽃피운 사랑의 힘으로 두 사람은 약혼을 했고, 옌니의 고향인 핀란드에 삶의 터전을 잡았다. 그리고 두 사람을 고루 닮은 예쁜 딸 엠마를 낳았다. 가브리엘레는 옌니가 핀란드식 육아에 기준을 두고 엠마를 키우는 것에 안심한다. 그는 육아를 위해서라도 이탈리아가 아닌 핀란드를 선택하고 싶어 했다. 어린 시절, 이탈리아 학교에 다닐 때 수녀에게 맞았던 기억을 떠올리면서 말이다.

"왜 맞았는지 기억도 안 나지만 중요한 건 이유가 아니라, 제가 맞았다는 그 사실이죠. 이후 제가 어떤 생각을 하면서 자랐을지 상상이 되시나요?"

물론 자신의 고향인 이탈리아도 그 시절에 비해 많이 개선되었겠지만, 뿌리 깊게 박힌 사상만큼은 바뀌지 않았을 것이라며 고개를 좌우로 흔들었다. 그것만으로도 그가 고향을 떠나 이곳으로 와서 아빠가 되고, 기쁘게 살아갈 만한 이유가 된다.

핀란드에서는 유치원 등교 시 아이의 손을 잡거나 유모차를 밀고 가는 부모의 3분의 2가 아빠라는 것을 알 수 있다. 가브리엘레도 아침마다 엠마의 유모차를 밀고 유치원으로 간다. 마트에서 아이들과 장을 보는 남자 혹은 아빠도 이탈리아보다 핀란드가 훨씬 더 많다. 어쨌든 가브리엘레는 가정과 가족을 우선순위에 두고 있는 이곳 핀란드에서 아이를 키우며 기쁨을 느끼고 있다.

약혼을 하고 함께 살기 시작하면서 계속 피임약을 복용했던 옌니는 정상적인 호르몬이 몸 안에 돌기를 바라면서 피임약을 중단했다. 꽤 오랫동안 피임했기 때문에 쉽게 임신이 되지 않을 거라는 생각이 들었지만, 딱히 계획도 세우지 않았다. 그런데 겨우 몇 주 만에 그녀는 임신에 성공했다.

임신 사실을 알고 난 후, 옌니는 바로 시기별 증상이나 특징 등을 체크하고 자신이 곧 느끼게 될 증상들과 꼼꼼히 비교할 준비를 했다. 하지만 임신에 있어 타고난 행운아였는지 입덧이나 두통, 어지러움, 우울감 등의 증상들을 하나도 겪지 않았다. 어떤 신체적 아픔이나 정신적 고통도 없었다.

익히지 않은 생선과 블루치즈만 삼갔을 뿐, 먹는 것을 비롯한 생활 전반에도 특별한 변화를 주지 않았다. 취미인 보디 펌프Body Pump를 임신 후에도 오랫동안 했으며, 임신 9개월까지 일을 하면서 병가 한 번 쓰지 않았다. 그러다 보니 어느새 임신 기간이 끝나갔다. 이렇게 착한(?) 임신부 아내 덕분에 남편 가브리엘레도 별걱정이 없었다. 출산 예정일 열흘 전에 엠마가 태어났는데 너무 태연한 부부를 보고 분만실에 있던 간호사가 이렇게 물었을 정도다.

"혹시 둘째 아이인가요?"

엠마는 태어나고 생후 1년까지 가벼운 감기 한 번 앓지 않았다. 옌니는 그것이 12개월 동안 모유 수유를 했던 효과라고 생각하고 있다. 모유 수유는 육아를 하기 전에는 힘들 것이라 예상했는데 의외로 만만하게 넘어간 것 중 하나다. 옌니의 친구들은 금해야 할 음식도 많고 밤중 수유도 힘들고 무엇보다 외출 시 모유를 줘야 하는 것도 힘들다고 했지만 옌니에게는 본능이었다. 출산 이후부터 아이에게 젖을 물리는 건 엄마로서 당연히 해야 할, 그리고 하고 싶은 행위였다.

"핀란드에서는 수유 시간에 관계없이 젖을 물리라고 가르쳐요. 아기가 모유를 먹은 지 한 시간밖에 안 지났는데 또 젖을 찾으면? 당연히 물리죠. 이탈리아에 살고 있는 제 고향 친구가 그곳 병원에서는 세 시간 간격으로 모유를 주라고 했다더군요. 그 친구는 이탈리아의 육아 지식이 너무 정체되어 있는 것 같다고 했어요. 왜냐하면 시간에 속박되지 않고, 아이가 배고플 때 먹이는 것이 핀란드 사람들이 생각하는 올바른 모유 수유라고 믿기 때문이죠."

옌니는 엠마가 태어난 뒤 아이가 삶의 많은 부분을 빼앗아간다고 생각하기보다는 자신의 삶이 근사한 이유로 쪼개어진다고 생각했다. 누군가를 돌봐야 한다는 책임감은 이전보다 더 열심히 살아가는 원동력이 되었고, 부부는 아이로 인해 한층 더 같은 곳을 바라보게 되었다.

어느 한쪽에만 치우친 육아가 아닌 핀란드와 이탈리아의 좋은 문화를 엠마가 접하고 받아들이기를 항상 바라고 있다. 부부가 살아왔던 것처럼 세상에는 많은 기회들과 다양성이 존재한다는 것을 알려주고, 강요하지 않는 그런 육아가 그들이 바라는 지향점이다.

me, too FINLAND

[같은 듯 다른 엄마와 아빠의 육아 방식]

① 식사는 가족의 힘

엠마가 잠에서 깨어 '맘마'라고 말하는 시간은 매일 아침 7시다. 어린 엠마는 가족 중에 가장 먼저 일어나는 자동 알람이다. 맞벌이를 하는 부부는 아침마다 출근 준비로 정신이 없지만, 아침 식사는 늘 함께한다. 직장을 다니는 많은 엄마들이 유치원에서 아침을 먹게 하기도 하지만 옌니는 가족이 다 함께 밥을 먹는 시간을 무척 중요하게 여기고, 가브리엘레도 같은 생각이기 때문이다. 특히 이탈리아에선 가족과 함께하는 슬로 식사 문화가 아주 중요하다.

"가브리엘레가 아일랜드에 잠시 살았을 때였어요. 어느 가정집에 며칠 머문 적이 있었는데 식사 시간에 가족들이 각자 흩어져 먹는 걸 보고, 마치 해체 직전의 가족처럼 보였대요. 아들은 자기 방에서, 아빠는 거실에서, 엄마는 부엌 식탁에서, 딸은 노트북 앞에서 밥을 먹는 모습이라니! 가브리엘레 가족들과 식사할 때마다 그가 어떻게 자랐는지를 느낄 수 있어요. 하루 이틀 만에 만들어진 분위기가 아니라, 오랜 시간 동안 천천히 서로 마주 보며 식사를 했던 가족의 분위기 같은 거였죠."

주말에는 온 가족이 외식을 한다. 그때마다 옌니는 아이에게 레스토랑 매너를 철저히 가르친다. 음식 던지지 않기, 소리 지르지 않기, 의자에 얌전히 앉아서 먹기 등의 기본 예절을 아이가 말을 알아듣기도 전부터 가르치기 시작했다. 옌니와 가브리엘레는 아이가 어려도 무의식중에 다 알아듣기 때문에 같은 말을 반복해서 말해주면 결국은 행동으로 나온다고 말했다. 물론 지금 엠마는 레스토랑에서 돌아다니지 않고, 의자에서 내려달라고 울지도 않는다.

이렇게 식사의 소중함을 배우면서 자라는 아이는 채 두 살이 되지 않았지만, 아기 식단이 따로 없고 엄마 아빠와 같은 음식을 먹는다. 가브리엘레가 요리를 할 때는 쌀과 파스타 그리고 리소토를, 옌니가 음식을 만들 때면 으깬 감자와 치킨, 수프, 생선 등을 샐러드, 호밀 빵과 함께 상에 낸다. 그야말로 이탈리아 음식과 핀란드 음식의 차이다. 주말에는 옌니가 빵이나 쿠키를 여유 있게 구워 일주일 동안 식사 후 디저트로 먹는다. 그리고 두 사람은 붉은 고기를 먹지 않는다.

사실 부부가 문화적 차이로 언쟁하는 순간은 다름 아닌 음식 때문이다. 핀란드에서는 아이들이 모든 음식을 우유와 함께 먹는다. 유치원에서도 식사 때마다 우유가 나온다. 핀란드 사람들은 스스로를 "우리는 우유로 만들어진 사람들"이라 말할 정도로 음식에 늘 우유가 곁들여진다.

그런데 이탈리아인 가브리엘레에게 그것은 조금 이해하기 힘들다. 심지어 파스타에 우유를 넣어서 만든, 핀란드 아이들의 인기 메뉴 마카로니라티코는 죽었다 깨어나도 이해를 못하겠단다. 심지어 가장 혐오스럽다고 생각하는 핀란드 음식이다. 하지만 소용없다. 아이가 있는 집이나 학교에서는 가장 인기 있는 음식이니 말이다.

② **핀란드 할머니와 이탈리안 할머니**

이탈리아에서 레스토랑을 운영하는 가브리엘레의 어머니는 늦여름 한 달 동안 휴가를 보내는데 가브리엘레가 핀란드에 자리 잡은 2012년 이후부터 해마다 이곳으로 온다. 그리고 한 달 동안 머물면서 엠마를 돌봐준다.

"가브리엘레 어머님이 핀란드에 사신다면 아마 이 집에서 함께 지내셨을 거예요."

옌니는 말했다. 사실 가브리엘레가 핀란드에 와서 느낀 여러 가지 문화적 차이 중에서 음식 외에 가장 크게 느껴졌던 부분은 손주들을 대하는 조부모의 태도였다. 핀란드에서는 아무리 부모 자식 간이라도 예고 없이 서로의 집을 찾아가거나 무작정 전화해서 "지금 가도 되니?"라고 묻지 않는다. 부모뿐만 아니라 친척들 사이에서도 마찬가지다. 혹시라도 "지금 근처를 지나는데 차 한잔 마실 수 있을까?"라고 물으면 실례가 된다.

같은 맥락에서 부모님께 아이를 부탁할 때는 미리 날짜와 시간을 정해야 하고, 최대한 각자의 사생활을 이해해준다. 사정이 있어 아이를 안 봐준다고 해서 언짢해하거나 섭섭해할 일도 없고, 부모님도 미안한 마음을 갖지 않는다. 게다가 핀란드에서는 부모가 자식의 집에 들러도 그 집에서 잠을 자는 일이 거의 없다. 설령 게스트룸이 있다 해도 근처 호텔에서 자는 경우가 많다.

육아 휴직이 끝나고 복직한 이후에는 옌니의 부모님이 가끔씩 집으로 와서 집안일을 도와주기도 하지만 그것은 철저하게 아이와 관련된 것에 국한된다. 빨래를 하거나 식기세척기에 그릇들을 넣어 세척하거나, 요리 등은 모두 가브리엘레가 한다. 가정적인 남편 가브리엘레가 요리하는 것을 무척 좋아하기 때문이다. 물론 이런 몇 가지 일을 제외한 나머지 살림은 엔니의 몫이다. 살림 비용도 균등하게 분담한다. 매달 집세와 세금 그리고 엠마에게 들어가는 비용 같은 공동의 항목들은 절반씩 나눠서 분담하고, 대신 요리를 즐길 뿐만 아니라 급여가 좀 더 많은 가브리엘레가 식료품을 산다.

③ 포대기와 안전띠

핀란드에서는 아이가 잠을 잘 못 자거나 수면 습관에 문제가 있을 때는 아기가 안정감을 느낄 수 있도록 포대기로 감싸준다. 엔니는 친구에게 딸아이의 잠투정이 심해서 한동안 신생아 강보를 써야 했다는 말을 들은 적이 있다.

그러나 핀란드 병원에서는 강보를 권하지 않는다. 신생아 잠자리에 대해 병원에서 말하는 거라곤 "아이가 등을 대고 자야 한다"는 것뿐. 엔니도 엠마를 키우는 동안 포대기는 별로 사용하지 않았다. 감기 기운이 있을 때, 아이가 이불을 발로 차고 자는 습관이 있어 아기용 침낭에서 재운 적은 있다.

"만일 인구가 많은 대도시에 산다면 저도 엠마에게 안전띠를 두르게 하고 강아지처럼 끌고 다닐 것 같아요. 아이를 잃어버리면 끝이잖아요. 하지만 우리가 사는 곳은 헬싱키보다 더 한적하기 때문에 그럴 염려가 없어요. 여기는 핀란드니까요."

핀란드 유치원에서는 이동할 때 짝의 손을 잡고 선생님을 따라 얌전히 걸어야 한다고 가르친다. 그런 교육 덕분에 아이들은 어디를 가든, 심지어 마트에서도 언제나 엄마와 가까이 걸으려 하고, 부모들은 공공장소에서 아이를 부르고 잡느라 소리 지르면서 뛸 일이 적다.

하지만 이탈리아인 가브리엘레의 시선으로 보면 이렇듯 철저한 육아가 문화적 차이로 다가온다. "이탈리아에서는 이런 육아법이 좀처럼 먹히지 않는다!"는 말을 들려줄 만큼.

④ 엠마의 취미 생활

옌니가 말하는 현재 핀란드 트렌드 육아법은 어릴 때부터 아이들에게 여러 가지 스포츠를 접하게 하는 것이다. 엠마가 다니는 유치원에서는 서너 살부터 스케이트를 타게 한다. 엠마는 5개월부터 아기 수영을 시작했지만, 유치원에 다니면서부터 자주 감기를 옮아와 요즘은 컨디션이 좋을 때만 수영장으로 간다. 올여름에는 엠마에게 호수에서 수영하는 법을 정식으로 가르쳐줄 생각이다. 핀란드에서는 수영장보다 호수나 바다에서 바로 수영을 배우는 것이 일반화되어 있다. 스포츠뿐만 아니라 아기 음악 놀이 학교와 미술 놀이 학교 그리고 아기 요가는 요즘 엄마들에게 인기가 좋다. 미술 놀이 학교에서는 음식으로 만든 색채 도구들을 활용해 온몸을 자유롭게 사용하면서 그림을 그리거나 그것을 먹을 수도 있다. 엠마는 어린 아기지만 핀란드 사람답게 벌써부터 사우나를 좋아한다. 생후 1년 이후부터 일주일에 한 번씩 사우나에 들어갔는데, 옌니와 가브리엘레는 아이를 위해 사우나의 온도를 60~70도로 유지한다 보통 핀란드 사람들은 80~100도에서 사우나를 즐긴다.

baby

[부부가 말하는 핀란드 & 핀란드 사람들]

① 핀란드 여자, 옌니 생각

바르셀로나에서 살다가 핀란드로 다시 돌아왔을 때 옌니는 핀란드 날씨가 이 정도로 우울했나 하고 느꼈다. 쨍쨍한 해가 비치는 바르셀로나와 한눈에 비교되었기 때문이다. 그도 그럴 것이 핀란드는 여름이 짧고, 11월부터는 해가 많이 부족하다. 겨우내 견디기 힘들 만큼 추운 날씨도 불만이고, 여름이 되어도 과연 화끈하게 더울까 하는 미심쩍은 마음이 생긴다.

핀란드에 대한 질문에 옌니 역시 날씨 이야기로 시작한다. 혹시라도 "핀란드는 가을이 정말 좋아요"라고 말하는 흔치 않은 케이스를 제외하면 핀란드의 가을은 회색빛 하늘에 부슬부슬 비가 내리는 날씨가 매일 이어진다. 아! 한 가지 더, 장갑이 필요할 만큼 손이 시리다 핀란드 사람들 모두 날씨에 대해서는 이를 바득바득 간다. 하지만 인간의 힘으로는 도저히 바꿀 수 없는 자연이니 그저 순응하는 수밖에. 옌니도 마찬가지 생각이었지만 아이가 생긴 뒤부터는 오히려 겨울에도 할 수 있는 게 많다는 것을 알게 되었단다. 엠마는 썰매에 앉아 있는 것을 좋아해서 겨울에는 아이를 눈썰매에 단단히 앉혀놓고 동네를 놀이하듯 끌고 다닌다. 항상 눈이 쌓여 있기 때문에 유모차보다 편한 것은 당연지사. 핀란드 부모들은 겨울에 마트에 갈 때도 눈썰매에 아이를 앉혀서 간다. 겨울 내내 마트 앞에는 색색의 썰매들이 벽에 기대어 주차된 진풍경을 구경할 수 있다.

이런 단점을 빼고는 옌니가 핀란드를 사랑하지 않을 이유가 없다. 미국과 네덜란드, 스페인에서 생활하며 핀란드가 사람들을 얼마나 많이 배려하는 나라인지 알게 되었고, 임신한 뒤부터는 핀란드 여자들의 삶이 얼마나 평온한지도 알게 되었다. 당장 가브리엘레의 고향인 이탈리아와 비교해도 그렇다. 육아 휴직 기간이 길고, 기저귀 값도 더 저렴하다. 아기들이 바로 먹을 수 있도록 준비해서 병에 담아 파는 음식도 종류가 다양하다. 학생들은 무상 교육을, 엄마들은 육아 휴직과 수당을, 일이 없는 사람들에겐 일자리 제공과 함께 보호받고 있다는 만족감을 갖게 한다. 국민 모두 안전하게 살아갈 수 있고, 남자와 여자가 맞벌이를 하면서 함께 아이를 돌보고 집안일을 나눠 하는 가사 분담이 자연스레 이루어진다. 사회적으로도 가정적으로도 삶의 균형이 잘 맞춰진 나라인 것이다.

옌니는 핀란드 사람들이 지극히 개인주의적이며 혼자 있기를 좋아하고, 남들과 잘 섞이지 않는 면도 있다고 하는데, 그건 어릴 때부터 독립심을 키우는 교육을 받기 때문에 다른 사람들과 함께하기보다는 무엇이든 스스로 하려는 경향이 더 많고, 그것을 편하게 생각하기 때문이라고 했다. 한 가지 재미있는 것은 핀란드 사람들은 사회적 긴장감, 그 압박 속에 살아가고 있다고 생각한다는 점이다. 그러한 예로 멀쩡하게 운전하다가도 경찰차가 보이면 몸이 꼿꼿해지면서 핸들을 바로잡는다든지, 초록 불에 잘 건너다가도 괜히 주변을 의식하며 살핀다든지 하는 행동이다.

옌니는 가족도, 가장 친한 친구들도, 자기 자신도 너무 핀란드 사람이지만 다른 나라들을 두루 돌아보고 오니 느껴지는 점들이 있단다. 규칙에 조금 느슨한 네덜란드, 두루두루 친구가 될 수 있는 미국, 서로 간에 긴장이 느껴지지 않았던 스페인의 분위기가 때론 그립다면서 그녀는 말했다.

② 이탈리아 남자, 가브리엘레 생각

"헬싱키는 공항부터 조용해요. 공항이 마치 도서관 같아요."

가브리엘레는 이탈리안 특유의 넘쳐나는 흥을 소음이라고 생각하는 사람이다. 왜 이탈리안들은 레스토랑에서 소리를 지르며 음식을 먹는지, 왜 자신의 누나는 전화할 때마다 난청이 있는 사람처럼 꽥꽥거리는지, 이탈리아 사람들은 운전할 때 왜 그렇게 경적을 못 울려서 안달인지… 이해하기 힘들었다.

"1년에 한두 번씩 이탈리아에 가는데 돌아올 때쯤이면 귀에서 경적 소리가 들려요. 헬싱키 공항에 딱 도착해야 안도감이 느껴지죠. 여러 나라에서 일을 해보고 살았지만 제가 다녀본 나라 중 유일하게 정적이 느껴지는 나라는 오직 핀란드뿐이에요. 그 점이 저와 핀란드라는 나라가 가장 잘 맞는 부분인 거 같아요."

물론 이곳도 출퇴근 시간에는 지하철에 사람들이 붐비지만_{그래봤자 헬싱키 지하철은 끝에서 끝까지 가는 데 25분밖에 걸리지 않는다}, 문이 열리고 많은 사람들이 타고 내리는 것에 대해 짜증을 내거나 서로 신경질적으로 반응하지 않는다.

가브리엘레는 게임 관련 직종에서 일하고 있으며, 현재 일하는 곳은 핀란드에서의 두 번째 직장이다. 자신의 고향인 이탈리아에서 일자리를 구할 때는 가족이나 아는 사람, 인맥으로 직업을 얻는 일이 가장 빠르고, 스스로 일을 구할 때는 공정하지 못한 경우도 더러 있었다. 특히 외국인이 현지에서 직업을 구하려 할 때는 "너는 왜 여기까지 와서 우리의 직업을 가져가려는 거지?" 하며 대놓고 언짢은 목소리를 내기도 한단다.

하지만 핀란드는 선택의 기준이 항상 투명하고, 누구에게나 기회가 주어지는 것 같다는 게 가브리엘레의 생각이다. 그의 외국인 친구 부부가 로마에 살고 있는데 일을 구한 뒤 임금 협상을 할 때 "지금 이 직업에 감사해라. 이탈리아인들도 직업을 구하기 힘드니까!"라는 말을 들었다고 했다. 그래서 낮은 임금이지만 별수 없이 회사를 다니고 있다고 말이다.

"이탈리아 정부는 불평등에 처한 사람들에 대해 뒷전일 때가 많아요. 일자리는 더 구하기 힘들고, 그러다 보니 경제적으로 넉넉한 사람들만 아이를 가질 수 있어요. 부모는 늘 일을 해야 하고, 아이들은 할머니와 할아버지 손에 자라지요. 핀란드에서는 외국인인 제게도 일자리를 찾을 수 있도록 도와주었고 여름휴가도 한 달 이상 쓸 수 있죠. 여러 면에서 핀란드는 모두에게 평등한 나라예요."

핀란드에 완전히 동화된 가브리엘레의 핀란드 사랑이다.

[좀 더 하고 싶은 말들]

고등학생 시절, 옌니는 마트 계산대에서 아르바이트를 했다. 졸업 후, 큰 결심을 하고 뉴욕으로 떠났지만 지금도 그 마트에는 그때 함께 일했던 사람들 몇몇이 남아 있다. 만약 그때 뉴욕으로 가지 않았더라면 암스테르담에서 공부를 하지 않았을 수도 있고, 그러면 바르셀로나에서 가브리엘레를 만나는 일도 없었을 것이다. 물론 마트에서 일하다가 더 좋은 기회를 만났을 수도 있었겠지만 옌니는 그때의 동료들을 보면 '나도 저렇게 계속 한곳에서 일만 하게 될 수도 있었겠구나' 하는 생각이 든다.

찬란하던 20대, 핀란드가 아닌 다른 곳에서 보낸 그 시간들은 인생의 자양분이 되어 핀란드라는 나라에 대해 객관적으로 바라볼 수 있는 시각을 갖게 해주었다. 세상의 중심을 발로 뛰어 찾고, 여행하고, 그곳에서 일한 경험을 통해 핀란드가 얼마나 좋은 나라인지 더욱 깊이 깨달았다는 옌니 그리고 가브리엘레. 이들은 이제 다른 곳이 아닌 이곳 핀란드에서 사랑스러운 딸 엠마와 애견 세포Seppo를 데리고 열심히 살아갈 일만 남았다며 환한 웃음을 보였다.

시공간이 뒤섞인 골목

나는 오늘도 이곳을 걷는다. 옛 흔적과 조우하고 살아 있는 소리와 묘한 정적이 공존하는 골목. 헬싱키에서 가장 오래된 장소 중 하나이자 남편이 태어나고 자란 이 동네는 지금도 변함없이 그대로 있는 것이 마치 정지된 그림 속 같다.

19세기부터 이곳에 무언가가 지어지고 사람들이 살기 시작했다고 하니 그동안 얼마나 많은 사람들이 이곳을 거쳐가면서 추억의 집합소가 되었을까 싶다. 이곳에는 연애를 나누는 풋내기 연인도, 시대를 살아가는 어른들도, 고집스러운 노인도, 남의 의견 따위 안중에도 없는 반항아도 살아가고 있을 것이다.

모든 가능성을 열어두는 개방은 없고, 무얼 그리 숨기고 싶은지 꼭꼭 닫혀 있는 비밀스러운 대문들이 서로 마주하고 있다. 대신 전면 개방된 발코니와 부각되는 유리창은 비밀의 통로이자 안과 밖의 소통 같다.

다양한 집의 형태는 놀라울 정도로 완벽한 탐구력의 힘이 느껴진다. 묘사된 멋을 갖추고 있으면서도 흉내 내기로 일관된 모습 같은 것은 없다. 헬싱키 뒷골목은 집에 대한 열망 그 자체이자 가장 오래된 것들에 대한 예찬이다. 변화라는 게 무엇이기에 한껏 받아들이고 싶으면서도 이전 것을 보내기가 이토록 싫은 걸까. 시대적 움직임어 휩쓸려 사라지지 않길 바라는 마음 때문이라면 이기적인 것일까.

편안함에 귀 기울일 수 있고 낯선 이방인도 도시를 완벽하게 받아들이는 시간을 기다려준다. 골목 사이로 초록색 트램이 지나다니고, 유모차를 끌고 가는 엄마의 모습도 배경과 어우러진다. 나를 기꺼이 품어주는 여유로움이 둘러싸인 이곳에서 무엇 하나 변화의 뒤안길로 사라지지 않고, 동네를 지켜줘서 고맙다는 말을 속으로 되뇌며 오늘도 이곳에서 한 걸음, 쉼표가 되어본다.

민나와 헤이키의 완벽한 재혼

7

: 실패의 경험이 더 큰 행복을 갖게 하지! me, too!

Name : 민나Minna
Born : 1966년
Lives : 헬싱키Helsinki
Profession : 승무원
Family : 남편 헤이키Heikki,
장녀 나드야Nadja,
차녀 엘사Elsa, 막내딸 에시Essi

[이혼하길 잘했다, 재혼은 더 잘했다]

민나의 첫 번째 결혼은 2년 만에 깨졌다. 남편의 술 때문이었다. 연애할 때는 전남편에게 그런 인격적 결함이 있는 줄 꿈에도 몰랐다. 술을 매일 마시는 것은 아니었지만, 한번 마셨다 하면 엄청난 양을 마셨다. 술로 인한 남편의 변화는 정말이지 이해할 수 없는 것들뿐이었고, 그런 문제는 비단 민나뿐만 아니라 다른 사람들의 눈에도 명백히 보였다. 그렇게 망가지면서 가족 모임에 빠지기 시작했고, 점점 더 가정에 소홀해졌다.

그 무렵, 그들의 결혼 생활은 풍랑을 만난 배처럼 흔들렸고, 신뢰는 계속 무너지고 있었다. 남편을 더 이상 믿을 수 없게 되었고, 둘이 함께 행복한 삶을 살아가리라는 믿음이 사라졌다. 민나는 이혼하고 나서야 전남편이 알코올 중독자였다는 것을 깨달았고 엎친 데 덮친 격으로 임신 사실까지 알게 되었다. 하지만 민나는 주저하지 않고 이혼을 진행했다.

이혼 후 첫딸 나드야가 태어났고, 지금의 두 번째 남편을 만나기 전까지 그녀는 3년 동안 혼자 아이를 키웠다. 처음 1년은 다니던 직장에서 육아 휴직을 받아 키웠고, 복직한 이후에는 유치원에 아이를 맡겼다. 민나의 부모님과 여동생 그리고 전남편의 부모님이 번갈아가며 아이를 돌봐주기도 했다. 민나는 그렇게 3년 동안, 한 아이의 엄마, 한 사람의 가장으로 살아야 했다.

지금의 남편을 만난 것은 1997년. 같은 항공사에서 근무하며 플로어볼 게임을 하다가 자연스럽게 마음이 맞았다. 남편은 참 좋은 사람이다. 비행 일정 때문에 생활

패턴이 들쑥날쑥한 민나를 대신해 모든 집안일을 하고 아이들을 챙긴다. 시키기 전에 알아서 챙기고, 완벽하게 마무리까지 하는 편이라 비행을 마치고 돌아오면 피곤한 몸을 곧바로 누일 수 있다. 두 사람은 겨울이면 스키와 스케이트를, 여름에는 러닝을 하거나 자전거를 타며 취미 생활을 함께한다.

남편과 민나 사이에는 장녀인 나드야 말고 2002년과 2003년에 태어난 연년생 자매 엘사, 에시가 있다. 쌍둥이처럼 꼭 닮은 자매들은 평소에는 여느 자매처럼 다투기도 하지만 게임을 할 때만큼은 쿵짝을 맞춰 잘 논다.

오래전, 민나는 아이를 많이 낳고 싶지 않았단다. 만약 전남편과 이혼하지 않았다면 많아야 두 명 정도였을 것이라고 생각한다. 그러나 지금의 남편을 만나 함께 살면서 생각이 바뀌었다. 무엇보다 남편에 대한 믿음과 사랑이 만들어낸 변화다. 가족이라는 안전한 울타리 안에서 아이 셋은 잘 자랄 것 같았고, 지금까지도 아무 탈 없이 탄탄하게 지켜지고 있다.

두 번째 결혼, 연이은 출산 때문에 집에 있는 시간이 늘고 신경 써야 할 일도 많아졌지만 민나는 그 안에서 비로소 행복한 결혼 생활의 정점을 찍었다.

이들 가족은 외벽에 연한 분홍색이 칠해진 이층집에 살고 있다. 민나는 집을 고를 때 공항과 가까우면서도 도심지를 벗어난 개인 주택을 찾기 위해 노력했다. 이 이층집에는 거실 두 개와 방 네 개가 있고, 작은 마당도 있다. 대문에는 문을 열고 닫을 때마다 딸그랑 예쁜 소리를 내는 작은 종도 달려 있다.

하지만 이렇게 큰 집에 직접 구입한 가구나 새 가구는 몇 개 없다. 민나의 할머니가 쓰시던 재봉틀과 테이블이 벽난로 옆을 차지하고 있고, 부모님이 쓰시던 가구들도 물려받아 사용하고 있다. 거실 소파는 중고 숍에서 데려와 남편이 살짝 손을 본 뒤 민나가 흰 천을 덮어 사용하는 것이다. 테이블도 중고 숍에서 산 뒤 사포로 문지르고 하얀 페인트를 칠했더니 새것보다 더 멋지게 변했다.

"핀란드에서 다시 쓰는 문화는 정말 중요해요. 막내 에시는 반에서 재활용 관리 대표자로 뽑혀 어떻게 재활용을 하고, 재활용이 왜 중요한지 교육을 받았는데 그 뒤로 더 철저히 하고 있어요."

핀란드 사람들은 내가 아니면 다른 사람에게 인연이 있고, 다른 사람과 인연이 아닌 물건이 내게 인연이 있을 수 있다고 생각하기 때문에 "가구를 어디서 구매하세요?"라는 질문의 의도를 못 알아듣는 사람들이 많고, 재사용하는 것에 대한 부끄러움이 전혀 없다.

핀란드 북부 도시 오울루Oulu에서 온 민나는 그곳의 전통 음식을 가장 좋아한다. 그중에서도 로쉬포투Rössypottu는 고향의 맛이다. 순록이나 돼지 또는 소의 피를 우유, 맥주, 호밀 가루, 버터, 양파, 시럽, 마조람을 넣고 소금과 후춧가루로 간을 맞춘 뒤 기름에 구워 감자, 당근을 넣어 만든 수프다.

이외에도 오븐에 익힌 연어와 치킨을 이용한 음식을 감자, 밥과 함께 먹기도 한다. 기본적으로는 샐러드와 채소를 많이 먹고, 아무 맛도 나지 않는 걸쭉한 요거트와 호밀 빵 그리고 달걀 프라이를 아침 식사로 먹는다.

[가정교육이란 이런 것]

① 용돈은 이렇게

엘사와 에시는 열 살 때부터 용돈을 받기 시작했다. 저축은 용돈을 주는 조건이자 민나의 가르침이기 때문에 아이들은 용돈을 받기 시작한 달부터 지금까지 용돈을 모으고 있다. 나이에 따라 금액이 조금씩 올라가는데 현재는 둘 다 똑같이 한 달에 30유로약 4만 원다. 아이들은 이 용돈을 전부 사용해서는 안 되고 아주 조금씩이라도 저축을 해야 한다.

용돈을 짜임새 있게 쓰고, 저축하는 습관을 통해 민나는 아이들이 돈의 흐름을 배울 수 있기를 바랐다. 정해진 돈을 한 달 동안 어떻게 쪼개어 쓰는 게 좋은지를 깨닫기를 바란 것. 모으는 것은 어렵지만 사라지는 것은 한순간이라는 사실도 일깨워주고 싶었다. 특히 갖고 싶은 물건이 있을 때는 두 달이 걸리든, 1년이 걸리든 스스로 모아야 한다. 딸들은 그렇게 모은 용돈으로 액세서리를 사거나 친구들과 간식을 사 먹거나 영화를 보기도 한다. 최근에는 스웨덴으로 가족 여행을 갔는데 아이들이 각자의 용돈으로 군것질거리를 샀단다.

지난가을 엘사와 에시는 요포Jopo를 사고 싶어 했다요포는 'Jokaisen Polkupyörä'의 줄임말로 '모두의 자전거'라는 뜻. 핀란드 자전거 브랜드 헬카마Helkama에서 1960년대에 처음 만들어진 모델로 스타일리시하고 다양한 컬러로 핀란드에서 인기가 높다. 하지만 민나와 남편은 딸들이 이미 좋은 자전거를 가지고 있기 때문에 이유 없이 새 자전거를 사는 것에 반대했다.

딸들은 그때부터 용돈을 모으기 시작했고, 반년이 걸려 자전거 가격의 절반을 모았다. 이쯤 되자 아이들이 대견하기도 하고 안쓰럽기도 한 부부는 나머지 자전거 가격을 대출해줄 테니 매달 용돈에서 돈을 갚으라는 '대출 제안'을 했다. 딸들은 바로 찬성했고, 곧 새 자전거가 생겼다. 당연히 아이들의 용돈은 매달 5유로약 6천 500원씩 깎였다.

이런 방법은 민나가 어릴 때 아버지로부터 받았던 가정교육이다. 민나가 고등학교를 졸업한 후, 따로 일 없이 지내던 시기가 있었다. 어느 날 그녀의 아버지는 "내 집에 있고 싶으면 집세를 내라!"고 말씀하셨고 민나는 화가 치밀었다. 그동안 살았던 집인데 갑자기 집세를 내라는 아버지의 태도에 서운해서, 속으로 많이 미워했다. 하지만 아버지 의견을 꺾을 수 없었던 민나는 아르바이트를 시작했고 한 달 월급의 일부를 집세로 지불했다.

조금 더 커서 민나가 독립하던 날, 아버지는 그동안 그녀가 냈던 집세를 매달 모았다며 목돈을 건네주셨다. 그때서야 비로소 아버지에 대한 오해가 사라지면서 그 깊은 뜻을 이해하지 못한 것을 뉘우쳤다. 민나는 그 돈으로 독립에 필요한 물건들을 샀다. 그래서 엘사와 에시에게도 모든 건 그냥 공짜로 얻어지는 게 아니라는 걸 제대로 가르쳐주고 싶다.

"제 친구의 자녀들은 지금 대부분 대학에 다니고 있어요. 아이가 공부에만 전념하면서 빨리 직업을 찾을 수 있도록 부모가 물질적인 부분을 대부분 책임지고 있더군요. 그게 과연 끝까지 잘 갈지는 모르겠어요. 젊은 사람들은 일자리를 찾는 게 힘들어지고, 부모는 나이 들어가잖아요. 다 큰 애들한테 아직도 저렇게 해준다면 어려운 일이 있을 때마다 부모에게만 의존할 가능성이 클 거라는 생각이 들었죠."

민나와 남편이 아이들에게 순순히 사주는 것은 옷과 신발. 하지만 이 역시도 작년에 입었던 외투가 작거나 낡아서 못 입는 경우에 한해서다. 아이의 인생은 길고 부모가 해줄 수 있는 것에는 한계가 있는데, 아이 인생을 통틀어 책임지고 따라다닐 수 없다는 것이 이들 부부의 생각이다.

② 집안일은 이렇게

민나는 엘사와 에시가 유치원에 들어가기 전부터 '스스로 치우기'를 가르쳤다. 스스로 치우기의 처음은 놀던 장난감을 정리하는 것과 더러워진 장난감이며 인형들을 닦는 일이었다. 엄마를 '집 안 치우는 사람'으로 알게 해서는 안 된다고 생각했다. 가족이 같이해야 할 일이라는 것을 아이들이 어릴 때부터 알려주고 싶었다.

현재 엘사와 에시는 스스로 방을 치운다. 청소를 제대로 했는지 검사하지는 않지만 아이들은 책임감 있게 방을 정돈한다. 청소기를 돌리는 일과 식기세척기를 비우는 일, 세탁된 옷을 건조기에 넣는 일은 엘사와 에시가 돌아가면서 맡아 한다.

음식을 만들 때 딸들의 도움이 필요할 경우, 엄마를 도와줘야 하는 것도 집안일에 포함된다. 엘사와 에시가 사춘기에 접어들 시기여서일까, 가끔씩 청소에 반항을 섞기도 하는데 민나는 그건 꼭 사춘기 때문만이 아니라, 누구라도 집안일을 하기 싫을 때가 있다며 이해해준다.

"큰딸 나드야는 제가 눈치챌 겨를도 없이 곱게 사춘기를 넘겼어요. 첫아이가 그렇게 쉽게 지나가서 그런지 아직 사춘기가 얼마나 세게 불어닥칠지 잘 모르겠어요.

하지만 세상은 공평하니까 두 아이 모두 또는 두 아이 중 한 명은 나를 힘들게 할 것이라 예상하고 있어요."

③ 취미 생활은 이렇게

둘째 엘사는 그룹 체조를 하는데 일주일에 다섯 번, 늦은 오후에 서너 시간 정도 연습한다. 엘사가 있는 그룹은 지난가을, 핀란드선수권대회 결승전에 올랐을 만큼 실력이 좋다. 막내 에시는 링게트^{Ringette 주로 여자들이 하는 운동. 아이스하키와 비슷한데 퍽 대신 링을 이용한다}를 좋아해서 방과 후 트레이닝을 받는다. 두 아이 모두 저마다 좋아하는 운동을 즐기면서 몸도 마음도 건강하게 자라고 있다.

민나는 아이들이 운동을 하면서 친구도 사귀고, 팀 스포츠 경기 등을 통해 사회적 기술을 습득하길 바라고 있다. 머지않아 닥쳐올 사춘기를 생각해도 운동이 필요하다고 믿는다. 운동을 통해 기본 감정을 해소시키면 방 안에서 문을 잠그고 괜히 쓸데없는 생각을 하며 반항심을 기르는 일이 적을 것 같다는 생각이다.

물리 치료사의 꿈을 가지고 있는 둘째 딸 엘사는 최근 체육중학교에 지원을 했다. 전문적으로 운동을 하라고 체조를 시킨 것은 아니었지만, 엘사는 운동에 소질이 있고 그 어떤 것보다 좋아한다. 일반 중학교와 달리 일주일에 두 번씩 두 시간의 자유 시간이 주어지며, 이때 개인 운동을 할 수 있다. 또한 대회가 있을 때는 얼마든지 결석이 가능하다. 체육중학교 진학을 위해 따로 실기 사교육을 시키지는 않는다. 좀 더 연습에 매진하는 것 외에는.

me, too FINLAND

④ 취침 시간과 귀가 시간은 이렇게

아이들의 귀가 시간은 운동 시간대별로 달라진다. 친구네 집에서 놀고 싶어 할 때는 시간이 변경되기도 하지만 민나는 아이들이 아직 어리고, 친구들과 밖에서 마음대로 놀아도 될 나이가 아니라고 생각한다. 운동이 끝나면 잠을 자면서 다시 체력을 보충해야 한다고 믿는다. 그래서 취침 시간을 정해줬다. 엘사와 에시의 취침 시간은 주중에는 저녁 9시, 아무리 늦게 자도 9시 30분을 넘길 수 없다.

"제 친구 딸은 열두 살인데 그 집은 아이들 취침 시간과 귀가 시간을 정해놓지 않았어요. 그 친구 말에 의하면, 주말에 딸이 밖에서 놀다 들어오면 옷 냄새로 확인한대요. 담배를 피우진 않았는지, 술은 마시지 않았는지, 수상한 냄새가 나진 않는지 같은 것들을요. 저는 그렇게 아이를 의심하면서 키우고 싶지는 않아요. 양쪽 모두에게 안 좋잖아요. 지금처럼 시간을 정해서 아이들을 안전하게 통제하고 싶어요."

민나와 남편도 모두 시간 규제가 엄격한 가정에서 자랐다. 취미 활동으로 핸드볼을 했던 첫째 딸 나드야도 취침 시간과 귀가 시간을 정해놓고 키웠는데 큰딸은 단 한 번도 거스른 적이 없고, 독립 전까지 잘 지켜주었다. 이런 과정을 통해 민나는 아이들이 원칙과 약속을 잘 지키도록 가르치고, 시간대별로 계획성 있게 사는 법을 알려주고 싶어 한다.

[첫딸 나드야의 독립]

나드야는 투르쿠의 스웨덴어 대학교에서 정치학을 전공하고 있다. 그도 그럴 것이 나드야는 늘 스웨덴어로 공부를 해왔다. 민나의 전 시아버지가 러시아와 핀란드 전쟁 당시 스웨덴으로 피란을 갔다가 전쟁 후 핀란드로 돌아왔지만, 핀란드어는 거의 기억하지 못하셨다.

이혼 후 나드야가 태어났고 민나가 복직한 뒤 전 시부모님이 나드야를 자주 돌봐주었는데 그때 스웨덴어로 양육했기 때문에 나드야도 어느 순간부터 스웨덴어를 알아듣고 따라 하기 시작했다. 전 시부모님과 나드야의 관계를 위해서라도 아이에게 스웨덴어를 가르치는 게 좋을 것 같다고 생각해 아이를 스웨덴어 유치원에 입학시키면서 교육이 시작되었다.

핀란드에서는 공식적으로 핀란드어와 스웨덴어가 공용어이므로 스웨덴어만 쓰고 살아도 무방하다. 핀란드 내 모든 표지판과 간판은 핀란드어와 스웨덴어 두 가지 언어로 쓰여 있으며, 이전까지는 학교에서 스웨덴어를 필수 과목으로 들어야 했지만, 요즘에는 선택 과목이 되었다.

큰딸은 학교를 다니는 내내 사교육을 한 번도 받아본 적이 없으며 대학 입시를 앞두고도 혼자 공부했다. 수험생들이 선택적으로 거치는 사립 교육기관인 Prep 코스도 듣지 않았다. 현재 나드야는 학교 근처에서 친구들과 방 두 개가 있는 임대 아파트를 얻어 생활하고 있지만 부모의 경제적 지원은 전혀 받지 않는다. 그녀는 대학에서는 학생회 활동을 하고, 방학 때는 아르바이트를 하며 열심히 살아간다.

"나드야는 강한 딸이에요. 자기 스스로도 모든 것을 혼자 책임지고 살아가길 바라기 때문에 지금은 인생을 배우는 중이라고 말하죠. 엄마인 제가 주는 도움이라곤 헬싱키로 와서 쉴 수 있게 해주는 것과 다시 돌아갈 때 마트에서 음식을 사주는 정도예요. 그나마 이것도 딸이 해달라고 한 게 아니라, 제가 원해서 해주는 거예요."

나드야는 학생 수당과 함께 방학 때마다 아르바이트를 해서 번 돈으로 생활한다. 핀란드에는 학비가 없고, 대학생이 되는 것과 동시에 켈라Kela에서 방학을 제외한 최대 64개월 동안, 학생들에게 매월 335.32유로약 43만 원의 학생 수당을 지급한다. 금액은 과거에 비해 현저히 줄었지만, 학비가 무료인 데다 또 다른 많은 부분이 지원되기 때문에 학생들은 이 돈으로 집세를 내거나 음식을 사 먹는다. 하지만 이 정도의 금액으로는 문화생활을 할 수 없다고 불만이 많다. 학생 수당을 받으면서 공부를 하고, 동시에 일도 병행할 수 있도록 허용되지만, 1년 동안 번 돈이 7920유로_{약 1,000만 원}, 즉 매달 660유로_{약 85만 원}가 넘으면 지원금을 다시 뱉어내야 한다.

학생들을 위한 대출 시스템도 잘되어 있는데, 예를 들어 1년에 3600~4000유로_{약 465만~515만 원}까지 대출이 가능하다. 다시 말해, 공부하는 동안 매달 400유로_{약 51만 원}씩 대출을 받을 수 있는데 이 금액은 은행에서 켈라를 담보로 대출해주는 것이다. 만약 학생이 대출금을 갚지 못할 경우 켈라가 대신 갚아주고, 학생들은 나중에 돈을 벌어 되갚는 시스템이다. 이런 제도 덕분에 많은 핀란드 학생들이 대출을 받아 해외여행을 떠나기도 하고, 고가의 물건을 사기도 한다. 그야말로 복지가 낳은 자유로운 영혼들이다. 물론 학생들이 모두 그런 것은 아니다. 대부분의 학생들은 정당하게 보조금을 사용한다.

이제 민나에게 나드야는 사랑스러운 딸이자, 인생을 함께 걸어가는 든든한 동반자 같은 존재가 되었다. 떨어져 있지만 한 달에 한두 번씩 헬싱키 집에 방문하며 전화 통화도 일주일에 한두 번 정도는 한다. 지난겨울, 민나는 나드야에게 크리스마스 선물로 뉴욕행 비행기 티켓과 여행 경비를 주었다.

Prep 코스라는 게 뭐지?

핀란드에서도 좋은 대학을 가거나 좋은 과에 진학하려면 경우에 따라 사교육이 필요하다. 법대나 의대의 경우, 사교육 없이는 들어가기가 힘들다고 말할 정도다. 음대나 미대도 마찬가지. 실제 법대 진학을 앞두고 있는 고등학교 3학년 남학생의 경우, 6월 대학 입시를 앞두고 12월부터 5개월간 본격적인 사교육을 할 계획이라고 말하는 것도 본 적이 있다.

헬싱키 안에는 이런 학생들을 위해 다양한 사립학교들이 있는데 학교라는 명칭 아래 대학 진학을 돕는 사립 기관들로, 겨울부터 다음 해 입시 전 봄까지 대학 시험을 준비하는 시즌 동안에만 오픈한다. 나의 남편 티뮤도 미대 진학을 앞두고 이런 사립 기관에서 그림을 그리며 배웠다.

수강료는 학교마다 차이가 있지만 5개월간 5000유로(약 660만 원) 정도. 일반적인 사립 기관의 수업료가 1500유로에서 5000유로(약 200만 원에서 660만 원)인 데 비하면 매우 높은 가격이다. 그런데 핀란드 학생들은 수강료가 비싼 사립 교육기관에서 수업을 받을수록 대학 진학률이 높다고 느낀다.

사교육이 따로 있는 건 아니지만 수업을 받으면서 부족한 부분을 느끼면 학년에 상관없이 선생님을 고용해 집에서 따로 과외를 하거나, 자신이 가고 싶은 학교의 선배로부터 도움을 받기도 한다. 실제로 핀란드의 많은 학생들이 공교육을 통해 느끼는 만족도는 학년이 올라갈수록 떨어진다고 한다. 공부의 깊이나 양이 늘어나면서 한계에 부딪히는 횟수가 늘어나니 각자의 방법대로 부족한 과목을 보강한다.

[그 여자, 민나는 승무원]

비즈니스 전문 교육기관에서 세관과 무역을 공부한 민나는 1988년, 핀란드 항공사에 입사했는데 처음엔 비행기 화물 파트에서 일했다. 이전에 핀에어 화물에 대한 대학 논문을 썼고, 여름 아르바이트Summer job를 지원해서 일한 적도 있기 때문이다. 이후 민나는 탑승 수속과 출입구 관리로 직책을 바꾸고, 직원들을 트레이닝시켰다. 고객 서비스팀에서 상관으로도 일했다.

그녀는 회사에 다니는 동안 교육학을 공부했고, 둘째 딸이 태어난 후에는 직원 교육 프로그램을 개발하기 위해 교육 부서로 옮겼는데, 이 부서에서 적잖은 스트레스를 받았다. 그래서 어릴 때부터 꿈꿔왔던 승무원에 도전하기로 하고, 1년 뒤인 2003년에 10주간의 승무원 코스를 거쳐 2005년 봄부터 비행을 시작했다.

민나는 자신이 스튜어디스를 시작한 때가 결코 늦은 나이가 아니었다고 말한다. 다만 자신에게 가장 완벽한 타이밍이 그때 찾아왔을 뿐이라고 생각한다. 스튜어디스라는 직업은 상황에 따라 함께 일하는 사람도 다르고, 목적지도 다르기 때문에 때로 스트레스를 받기도 하지만 새로움이 주는 즐거움도 크다고 한다. 게다가 여행을 좋아하는 민나에게 이 직업은 천직이다. 10년 동안 수많은 국가와 도시들을 접한 민나는 싱가포르와 방콕을 가장 좋아하는 도시로 꼽았다. 그곳은 늘 정답고 맛있는 음식이 있으며 온몸 구석구석 힐링을 주는 마사지까지 받을 수 있으니까!

"언젠가 도쿄에 갔을 때 사람들이 실내 헬스장에 가서 뛰는 모습을 봤어요. 자연이 늘 가까이 있는 헬싱키에서는 사실, 그럴 이유가 없는데 말이죠."

me, too FINLAND

그녀는 핀란드 북부에 있는 도시 오울루에서 태어났다. 두 살이 넘었을 때 가족들과 헬싱키로 이사 왔는데 1년에 한두 번씩 조부모님을 뵈러 650킬로미터 너머의 그곳으로 찾아가곤 했다. 가면 자연이 그토록 좋았고, 헬싱키로 돌아오면 금세 그곳이 그리워졌다. 만약 결혼을 하지 않고 아이들이 없었다면 지금쯤 핀란드 라플란드 어딘가에 살고 있었을 것이라고도 말했다. 겨울 운동을 즐기기 때문에 눈이 푹푹 쌓이는 그곳의 숲 속에서 스키를 타며 살아볼 생각도 했으나 아이들이 헬싱키를 떠나서는 살 수 없을 만큼 이 도시를 좋아해 엄두도 내지 못하고 있다.

세 아이의 엄마이자, 핀란드를 매우 사랑하는 여자. 비행을 하며 전 세계를 만나는 일에 기쁨을 느끼는 그녀이지만 때로 자기 나라 사람들의 성향에 의구심을 품을 때도 있다. 그녀는 핀란드 사람들을 설명하기 위해 이런 말을 했다.

"나도 같은 핀란드 사람이지만 다들 너무 내성적이에요."

기내 서비스를 할 때 가끔 손님들에게 친절하게 말을 건넬 때가 있다. 하지만 상대가 핀란드 사람일 때는 말의 흐름이 막힌다. 그들은 대답조차 안 할 때가 있다. 핀란드 사람들의 내성적인 성격이 깨지는 순간이 있는데 바로 술을 마셨을 때다. 핀란드 사람들은 정말 술을 많이 마시는데, 대부분 여름휴가가 시작되면 바로 술부터 마시는 마인드를 가지고 있다. 민나는 여름철 다른 나라로 휴가를 가는 핀란드 사람들이 기내에서부터 술을 마시기 시작해 내릴 때가 되면 잔뜩 취해 있는 모습을 종종 보아왔다. 그리고 술을 마시면서 평소에는 안 하던 말을 다 내뱉는데, 술 마신 사람들의 대화를 들어보면 그간의 공손과 공경은 온데간데없고 거친 말들이 난무한단다.

[좀 더 하고 싶은 말들]

민나는 자신이 정한 모토대로 잘 살아가고 있다. 인생의 과도기적 표류가 있었기 때문에 더 이상 관계를 복잡하게 만드는 생각에 끌려다니지도 않는다. 현실 앞에서 주저하거나 타협하지도 않고, 더 큰 행복이나 또 다른 꿈을 찾아 과감히 도전하는 모습을 보여주었다. 나이 마흔에 하고 싶었던 일을 하고 있는 민나는 앞으로 전혀 다른 분야에서 공부하고 일할 생각을 하고 있다. 생각을 투자해 계속해서 스스로를 고찰하는 민나의 앞으로의 행보가 궁금해질 것 같다.

여름 대 겨울

'핀란드의 여름과 겨울 사이'에서 나는 격세지감을 느낀다. 밤 10시에도 환한 백야의 여름 헬싱키는 그 어떤 도시보다 활기차고, 넘치는 생명력은 도시 전체를 선명하게 휘감아 돈다. 그런가 하면 겨울의 헬싱키는 그 어떤 도시보다 황량하며 짙음이 넘치고 쌓이는 눈발은 도시 전체를 새하얗게 바꾸어 준다.

가만히 있으면 자꾸 무언가 해야만 할 것 같고, 그렇다고 딱히 무얼 해야 할지 모르겠고, 안 하면 불안하고 움직여야 안정되는, 그래서 어느 순간 우리에게 '여유'는 '사치'가 되어버렸다.

넉넉한 시간을 어떻게 흘려보낼지 모르는 사람들은 무작정 떠나기도 하는데 '쉼'은 내가 있는 곳과 멀리 떨어진 곳에 있어야 한다는 편견은 이곳 핀란드에 와서 깨졌다. 멀리서 찾지 않아도 곳곳에 자연이 펼쳐지니 시각과 청각적인 쾌감을 느끼게 된다. 더디고 더디지만 여름이 오고, 다시 겨울이 오고, 채워지고 비워지는 계절의 변화를 하나도 놓치고 싶지 않다. 겨울과 여름의 감쪽같은 둔갑이 매번 새롭다.

me, too FINLAND

마르코의 아내 헬리는 화가 엄마

8

: 잘할 수 있는 일을 계속한다는 건 기쁜 일이야! me, too!

Name : 헬리 Heli
Born : 1966년
Lives : 헬싱키 Helsinki
Profession : 화가
Family : 남편 마르코 Marko, 아들 유한나 Juhana,
딸 마리 Mari

[예술 하는 엄마의 아티스트 라이프]

헬리의 삶은 1부터 10까지 온전히 예술가로서의 그것이다. 그녀의 작품들은 꾸밈 없이 수수하고, 자신의 삶이 고스란히 녹아 있다. 화장기는 하나도 없고, 눈썹조차 다듬지 않은 모습으로 시종일관 그림을 생각하며 자신의 예술 세계 안에서 영감을 얻어 표현한다.

댄서를 꿈꾸던 어린 헬리는 그림 그리는 것도 좋아했다. 하지만 동시에 두 가지를 잘할 자신이 없었다. 어느 쪽에 더 야심이 있는지 저울질해야 했다. 그녀에게 예술 이란 자신의 감정을 기록하고 견해를 표출할 수 있는 수단이다. 그녀는 지금 로베 스피에르와 마리 앙투아네트 등 단편적이고 화면을 덮는 초상화를 그린다. 1년 6 개월 전부터 시작한 프랑스 혁명 프로젝트의 일환이다.

헬리가 프랑스 역사에 관심을 갖기 시작한 것은 아주 오래전, 열한 살 때부터였다. 그때의 관심은 단순한 관심에 그치지 않고 점점 더 구체적인 형태로 좁혀져왔다. 하지만 그녀가 그리는 그림은 무채색에 가깝다. 강한 컬러와 디테일한 묘사로 그려 진 당시의 초상화와는 상반된 스타일이다. 귀족과 평민의 삶, 당시의 그 극대화된 이질감을 덜어낸 흑백의 그림은 묘한 해방감을 불러일으키는 듯하다.

헬리는 현재 핀란드 사회에도 분명히 존재하는 특권 계층, 한 사람이 많은 것을 가 진 것, 몇 사람의 최대 소유를 꼬집었다. 이처럼 그녀의 그림에는 여러 가지 의미가 담겨 있다. 헬리는 심혈을 기울여 만든 프로젝트를 제대로 재현하기 위해 17세기 에 만들어진 건물 안에서 전시할 생각이다.

핀란드식 예술품 대여 제도란?

타이데라이나모Taidelainaamo는 헬싱키 예술가협회 헬싱인 타이테일리아세우라Helsingin taiteilijaseura와 리크하르딘카둔 키르야스토Rikhardinkadun Kirjasto (헬싱키의 리크하르드 거리에 있는 도서관)가 함께 운영하고 있는 제도다. 현재 예술가협회에 가입된 700명의 아티스트들이 헬싱키 도서관이 운영하는 갤러리 안에서 그림을 판매할 수 있다. 20~200유로를 내면 그림을 대여할 수 있고, 화가들에게 매달 지정된 금액을 지급한다. 기간은 원하는 만큼 가능하며, 지금은 헬싱키 이외의 다른 도시에서도 유사한 방법으로 아티스트들의 그림을 대여해주는 제도를 운영하고 있다.

헬리는 핀란드에서 화가로 살아가는 것은 '비싼 일'이라고 말한다. 전시장 대관 비용이 지나치게 비싸기 때문에 수많은 예술가들이 준비되어 있어도 전시를 할 수 없는 형편이다. 헬리는 이런 제도를 바꾸기 위해 끊임없이 노력하고 있다. 아티스트들이 전시 비용 같은 난관에 부딪히지 않고 건강한 예술을 할 수 있어야 한다고 생각한 그녀는 지원에 관한 글을 신문에 싣기 시작했다.

핀란드에서 예술가로 살아가기 어려운 또 다른 이유로 핀란드 사람들이 예술 작품을 많이 사지 않고, 그로 인해 국내 예술 시장이 좁다는 점을 들 수 있다. 이에 대한 대안으로 1995년부터 핀란드에서는 아트 대여 서비스인 타이데라이나모Taidelainaamo를 만들었는데, 이것은 현재 활동하는 아티스트들의 작품을 돈을 주고 빌릴 수 있는 제도다. 현재 헬싱키 아트스쿨에서 아이들을 가르치는 헬리는 예전이나 지금이나 직업상의 업무는 조금 느슨하게 한다. 헬리에겐 그림 그리는 일이 직업보다 더 중요하기 때문에 작업실에서의 시간을 더 귀하게 여긴다.

헬리의 이런 미술 사랑은 임신 기간에도 변함이 없었다. 화학 미술 재료들을 피해야 했기 때문에 그림 그리는 일 대신 책을 만드는 북바인딩 작업을 하면서 태교를 했는데 지금은 그것이 아예 취미가 되어 크리스마스 때마다 책과 포토 앨범을 만들어 대중에게 선보이고 있다.

임신과 출산을 이유로 너무 오랫동안 그림에서 손을 놓고 싶지는 않았고, 하루라도 빨리 작업실로 복귀하고 싶었던 그녀는 아이들이 세 살이 되던 해, 유치원에 다니게 했다. 예술에 대한 숨길 수 없는 열정이 '엄마의 삶'보다는 '아티스트의 삶'이 더 뜨겁고 중요하다고 그녀를 단련시켰던 셈이다.

[추억이 깃든 집에서 살아가기]

마당에 사과나무가 있는 헬리의 하늘색 집을 한 바퀴 돌면 창문 너머로 딸의 방도 보이고, 부엌도 보인다. 오래된 부엌 바닥은 반질반질하게 닳은 부분이 있지만, 그 속에서는 아늑하고 익숙한 냄새가 나며 행복감이 더해지는 느낌이다.

이 집은 시부모님이 살던 집이자 어린 시절 남편이 살았던 집이기도 하다. 이곳으로 이사 오기 전, 부부는 아파트에서 살았다. 그런데 어느 해, 시부모님께서 이혼을 결정했고 집이 팔릴 위기에 처하자 헬리 부부는 그 위기를 기회로 삼았다. 부모님께 돈을 빌리는 형태로 계약을 할 수 있으니 은행에서 큰 대출을 받을 필요가 없었고, 한꺼번에 목돈을 내지 않아도 되었기 때문에 조건은 더없이 좋았다. 또 지하에 작업실로 사용할 수 있는 방이 있어 따로 작업실을 빌리지 않아도 된다는 것 역시 경제적이었다. 헬리 부부는 지금도 매달 부모님께 집값을 갚아나가고 있다.

가구에 살아온 흔적이 묻어 있는 것을 좋아하는 헬리의 집 실내. 의자 두 개만 세일 기간에 백화점에서 구매했고, 나머지 가구는 모두 중고 숍에서 구매하거나 재활용 센터에서 가져왔다.

"일단 싸잖아요. 가져온 가구에 새 천을 씌워 리폼하는 재미도 있어요. 그러면 저만의 것이 되는 거죠."

시어머니와 친정엄마로부터 물려받은 가구들도 더러 있다. 괜찮아 보이고 멋있어 보이는 가구라면 그 어떤 것도 상관없다. 브랜드는 딱히 중요하지 않지만, 그래도 하나를 꼽자면 아르텍을 좋아한다. 하지만 가구 하나에 몇천 유로씩 주고 사야 하

기 때문에 그 돈으로 차라리 해외여행을 가거나 미술 재료를 사는 게 효율적이라고 생각한다. 형편에 맞게 구매하는 것, 헬리의 개념 있는 가구 선택법이다.

헬리네 식탁에는 식사 때마다 호밀 빵이 빠지지 않고 등장한다. 주중에는 주로 마카로니와 다진 쇠고기, 양파, 달걀, 우유, 소금과 후춧가루 그리고 간 치즈를 섞어 오븐에 넣고 200도에서 30~45분 익힌 마카로니라티코를 먹는다. 연어를 가지고 이런저런 조리법을 연구하고 테스트해서 가족들에게 선보이는 것도 좋아한다. 그녀에게 가족은 평가단이자 감식가인 셈이다.

핀란드 전통 음식인 칼리라티코^{Kaalilaatikko}도 즐겨 먹는다. 끓인 쌀, 양파와 양배추, 다진 쇠고기나 돼지고기, 소금, 후춧가루, 시럽, 비프스톡과 마조람을 넣고 200도로 달군 오븐에서 한 시간 동안 익혀 먹는 음식이다. 아이들은 익힌 감자, 소시지, 양파를 잘게 썰어 프라이팬에 익힌 뒤 소금과 후춧가루로 간을 하고, 그 위에 달걀을 익혀 얹어 내는 퓌티판누^{Pyttipannu}를 좋아한다. 가끔 카르야란피라카^{Karjalanpiirakka}라는 핀란드식 전통 빵도 만든다. 페이스트리 반죽에 얇은 호밀 껍데기 및 쌀이나 보리 포리지 또는 으깬 감자를 안에 넣은 빵이다.

아침 식사는 가볍게 하는 편이다. 부부는 커피 한 잔이나 구운 빵을, 중학교에 다니는 아이들은 등교 전, 각자 아침을 만들어 먹는다. 메뉴는 주로 뮤즐리나 샌드위치에 사과 주스나 오렌지 주스를 곁들여 먹는다. 사과는 정원의 나무에 달린 것을 따서 갈아 마시는데 못생기거나 멍든 사과는 잼을 만들어 저장해둔다.

me, too FINLAND

[헬리 식 아이 키우기]

① 아이를 대안 학교로!

사실 헬리는 아이를 키우면서 핀란드 일반 학교에 대한 불편함을 느꼈다. 무작위로 모인 아이들은 어딘가 모르게 산만해 보였고 불안하게까지 느껴졌다. '과연 이곳에서 내 아이들이 제대로 배울 수 있을까?' 하고 고민에 빠졌던 그녀의 머릿속에 문득 어릴 때 생각이 떠올랐다.

학생 시절, 헬리는 대안 학교에서 공부하고 싶은 마음이 있었다. 처음 대안 학교를 제안한 건 그녀의 어머니였다. 그림을 좋아하는 딸이 그곳에서 좀 더 자유롭게 교육을 받을 수 있을 것 같아서였다. 대안 학교에 가지 못하고 학생 시절이 끝나버렸지만 '이다음에 내 아이들만큼은 대안 학교에 보내야겠다'는 생각을 했다고 한다. 헬리는 집과 가장 가까운 일반 학교에 보내는 대신 오스트리아 철학자 루돌프 슈타이너Rudolf Steiner의 교육학을 바탕으로 설립된 대안 학교인 슈타이너로 아이의 진로를 결정했다.

② 느리게 가는 대안 학교

핀란드 정부는 10년마다 교육 체제를 새로 쓰는데 헬리의 아이들이 다니는 슈타이너 학교는 바뀐 교육 체제를 따라가기는 하지만, 바로 실행에 옮기지 않는다. 획일적으로 이루어지는 핀란드의 교육 시스템 안에서 슈타이너는 조금 느리게 따라가며, 여유 있는 시범 기간을 거친다.

캘리그래피가 한 예다. 일반 학교에서는 오랜 세월 동안 가르쳐오던 캘리그래피 수업을 멈췄다. 손 글씨도 거의 사용하지 않고, 컴퓨터나 태블릿을 이용해 필기를 한다. 이를 통해 시간적 단축 효과는 볼 수 있겠지만 아이들은 손으로 무언가를 할 기회를 놓치게 되고, 시력 저하 및 피로감을 느끼고 있다.

하지만 슈타이너에서는 여전히 캘리그래피를 가르친다. 헬리는 그것이 글자이기 이전에 아트라고 말했다. 아들 유한나는 집중력이 부족하고 악필이었는데 캘리그래피를 연습한 이후 집중력이 생기고, 드로잉 실력까지 덩달아 좋아졌다. 캘리그래피가 그림에 도움이 된다는 것은 정확히 밝혀진 바 없지만, 손을 쓰는 동안 두뇌가 발달하고 긴장을 푸는 데 도움이 된다.

"학교에서 그 좋은 것을 더 이상 가르치지 않는다는 건 굉장히 서운한 일이에요."

딸 마리와 아들 유한나는 학교에 들어간 직후부터 독일어를 놀이처럼 배웠다. 다른 언어를 일찍 시작하는 교육 단계도 마음에 들었다. 공부를 하면서도 왠지 공부에 끌려가는 것처럼 보이지 않았다. 수업을 즐기는 아이들의 모습이 좋았다. 학교라는 곳이 가기 싫거나 끔찍한 곳이 아닌 또 다른 집이 된 것 같은 느낌이니 말이다.

"슈타이너에 보내고 단 한 번도 후회한 적이 없어요. 아이들도 만족하며 다니고 있고, 친구들의 아이와 비교했을 때도 제 선택이 맞았다는 걸 매번 느껴요."

아들 유한나는 3D 모델링을 좋아하는데 대안 학교에서는 일반 학교에 비해 컴퓨터로 하는 수업이 적다. 하지만 헬리는 동시에 두 가지를 다 만족할 순 없다면서 현재 학교에 대한 애정을 드러냈다. 학비는 자녀 1인당 1년에 400유로씩^{약 52만 원} 내고 있다.

③ 아이가 스스로 결정하도록 기다린다

"인생의 목표는 다른 사람에 의해서가 아니라 스스로 결정하는 것이 가장 중요해요. 그리고 자신이 내린 결정에 만족하며 살아가는 거예요. 고학력과 재정적 안정이 성공한 인생이나 행복한 인생을 대변해주진 않지요."

무조건 존중받는 직업은 없다. 그래서 사람 자체를 그대로 보는 법을 아이들에게 가르치고 있다. 중학교에 다니는 아이들의 숙제나 공부에 대해 간섭은 거의 하지 않는다. 그저 오늘 학교에서 어땠는지 물어보고, 그들이 도움을 필요로 할 때만 도와준다. 어느 학교를 가고, 어떤 전공을 선택하든 그것은 본인들의 자유다. 학교를 가지 않아도 상관없다. 부모의 희망을 강압적으로 주문하지는 않는다.

그래서일까? 헬리는 아이들 성적 때문에 스트레스를 받은 적이 없다. 학교에서 최고가 될 필요는 없고, 교실에서 공부를 제일 잘하는 학생이 될 필요도 없다. 대신 원하는 대학^{대학}을 가고 싶어 한다는 전제하에에 갈 정도의 성적은 받을 수 있기를 바란다. 아이들의 학교 성적은 가장 낮은 4부터 만점인 10까지 나뉘는데 마리와 유한나는 평균 7에서 8점을 받아온다. 9를 받으면 더할 나위 없이 좋겠지만, 받지 못한다고 해도 상관없다.

아들 유한나는 어릴 때부터 동물을 좋아해 헬리와 남편이 고슴도치와 다람쥐 박제를 구해다 주었다. 아이는 그것들을 가지고 책과 비교하며 연구하는 듯하더니 청소년이 되자 관심이 없어졌다. 아들에게서 멀어진 그 박제들은 헬리가 학교에서 아이들을 가르칠 때 사용한다. 대신 지금 유한나는 3D 모델링에 관심이 많아 컴퓨터 앞에 붙어산다. 학교에선 컴퓨터 프로그램 코스를 추가로 듣고, 여름방학에는 대학에서 관련 학과 학생들이 가르치는 강의를 몇 주간 듣기도 했다.

헬리와 남편은 아이들이 무엇을 원하는지 이야기하며 지원해줄 수 있는 최선을 다한다. 딸 마리는 일본 문화를 좋아하고 동경한다. 핀란드 10대들은 일본 단계를 거치는 자와 거치지 않는 자로 나뉠 정도로 일본 문화에 관심이 높다. 그래서 아이에게도 일본어 코스를 듣게 할 생각이다. 딸은 방과 후 일본 무술 가라테와 아이스하키를 배운다. 고등학생이 되면 두 아이 모두 프랑스어 코스를 듣게 할 생각이다.

"제가 미술을 전공하고 계속 흥미를 가지고 일하는 것처럼, 내 아이들도 전공과 직업에 대해 끈기를 가질 수 있으면 좋겠어요. 그들이 무엇이 되고 싶은지 크게 간섭하고 싶진 않지만, 금전적으로도 안정된 일이어서 먹고사는 데 문제가 없다면 부모로서 마음은 놓이겠죠."

④ 사춘기의 아이들, 이해가 답이다

헬리의 두 아이는 지금 질풍노도의 시기, 즉 사춘기를 겪고 있다. 큰 고비는 넘긴 듯하지만, 처음 사춘기가 찾아왔을 때는 부부 모두 당황했었다. 아이들은 예측 불가능한 행동을 했고, 불만을 품을 때가 많았다. 본래는 막무가내인 행동을 하지 못하게 하고, 감정을 빼고 말하라고 가르쳤지만 이 시기만큼은 사춘기의 날것 그대로를 최대한 이해하면서 되도록 부드럽게 대했다.

"아들은 어릴 때 힘들게 했는데, 딸은 지금 더 힘들게 만드는 것 같아요."

지금은 잠잠해졌지만 아들 유한나는 원하는 게 많았다. 특정 스포츠 브랜드 신발이나 청바지를 원했고, 유행하는 모바일 휴대폰을 사달라고 졸랐다. 그런 경우에는 금액을 정해 얼마 이상은 안 된다고 아이에게 말해주었다. 모든 것을 다 쉽게 얻을 수는 없다고 말하는 것도 빼놓지 않으면서!

돈을 규모 있게 사용하는 법을 가르치기 위해 한 달에 30유로^{약 4만 원} 혹은 40유로^{약 5만 원}씩 용돈을 준다. 용돈이 넉넉하지 않으므로 어떤 물건을 사고 싶을 때는 조금씩 여분을 남겨 저축해야 하고, 그렇게 모인 돈은 결국 큰돈이 되어 원하는 물건을 살 수 있게 된다는 것을 몸으로 느끼게 해준다. 반면, 생각 없이 돈을 쓰면 단 몇 분 안에 사라질 수 있다는 것도 상기시킨다.

⑤ **핀란드 고등학생들의 여름 아르바이트Summer Job**

핀란드의 10대들은 여름방학이 되면 여름 아르바이트를 경험한다. 여름 아르바이트는 학생의 직업 선택에 따라 여름방학에 일하는 제도. 실제로 그 일을 해보면서 자신이 무엇에 관심이 있는지 적성을 판단할 수 있게 된다. 대다수의 고등학생들이 바로 이런 경험을 하는데 헬리의 아들 유한나도 벌써부터 자신의 일을 열심히 찾고 있는 중이다.

적성을 찾아가고 기술을 배우는 동시에 스스로 돈 벌 기회를 갖는다는 것. 그 돈을 어떻게 쓸지 결정하는 것 등은 모두 아이 마음이다. 부모의 재력과 상관없이 경험을 길러나가지만 단 한 번의 경험도 해보지 못하는 아이들도 더러 있다. 하든 안 하든 본인 마음이겠지만 사회성 없는 사람으로 간주되기 쉽다.

[헬리가 말하는 핀란드 & 핀란드 사람들]

① 핀란드 자연이 가진 명암

핀란드의 자연환경은 최고의 장점이자 재산이다. 핀란드 사람들은 누구보다 이 사실을 인정하고 있으며 그 재산을 잃지 않기 위해 늘 자각하며 살아간다. 드넓은 대지에서 다양한 외부 활동을 하며 살아가는데 겨울에는 스키나 썰매, 스케이트 그리고 크로스컨트리 같은 운동을 즐긴다.

이렇듯 계절별로 혹은 지역마다 다른 풍경을 만들어내는 자연을 누구보다 사랑하는 헬리는 작품을 시작하기 전이나 그림을 그리는 중간중간 가까운 숲을 찾는다. 자연에서 영감을 받는다기보다는 필요한 것을 채워나가기 위해서다. 그녀에게 필요한 것은 바로 자연을 통해 머릿속을 비워내고 마음을 정화시키는 일이다.

언제나 이렇게 많은 것을 주는 자연이지만 겨울의 극적이고 거친 날씨는 사람들 사이를 분열시킨다고 그녀는 말한다. 밖에서 활동하는 시간이 줄어들어 서로 어울림이 덜하기 때문에 관계에 자연스레 틈이 생긴다. 일조량이 현저히 떨어지는 겨울만 되면 고질병인 우울증이 스멀스멀 퍼지는데, 그렇지 않아도 너무 조심스럽고 부끄럼쟁이인 핀란드 사람들을 혼자만의 시간으로 숨어버리게 만든다.

② 핀란드 사람들의 양육법

1960년대 후반, 어린 헬리는 오전에는 파트타임으로 유모와 함께 시간을 보냈고, 오후에는 유치원에 갔다. 유치원에 가기 전에는 교회에서 운영하는 데이 케어 센터에 다녔다. 헬리의 아이들도 과거 그때와 크게 다르지 않은 육아 단계를 밟으며 자랐다. 하지만 그사이 육아 트렌드는 자주 바뀌고, 너무 다양한 방법이 존재해서 때로는 모순이 따르기도 했단다. 요즘 초보 엄마들은 너무 많은 정보 때문에 혼란을 겪기도 한다는 말과 함께.

"제가 주고 싶은 육아 팁은 엄마로서의 직감을 가지고, 아이가 무엇을 원하는지를 믿으면서 본능에 충실하자는 거예요. 공통적으로 존재하는 육아 상식은 오래전이나 지금이나 똑같잖아요. 그중에서 각자에게 맞는 육아 방법을 분별력 있게 택해서 아이를 기르면 되는 것 같아요."

핀란드 부모들은 교육에는 느긋하지만 훈육만큼은 매우 빠르게 시작한다. 아이들이 어릴 때부터 집안일에 참여시키고, 자신의 책임을 갖도록 요구한다. 헬리는 아이들이 독립적이면서도 다른 사람들과 잘 협동하며 자라길 바란다. 그런 사람으로 키우기 위해서는 절제력과 훈육이 무엇보다 중요하다. 어디까지 허용이 되고 안 되는지가 몸에 습관처럼 배어 있어야 한다고 했다. 그리고 엄마로서, 어른으로서, 아이들에게 먼저 행동으로 모범을 보여야 하는 게 중요하다고 말한다.

핀란드의 육아 복지가 궁금하다면?

핀란드는 안전하고 평등하며 결속이 잘되는 나라다. 범죄율이 낮은 사회는 안정된 상태이며 청소년들은 좋은 교육 환경에서 자란다. 핀란드 아이들은 태어나면서부터 복지 혜택을 받는다. 0세부터 17세까지, 매달 정부에서 육아 급여가 나오는데 자녀가 하나일 때는 매달 95.75유로(약 12만 원), 둘인 경우 105.80유로(약 13만 원), 셋은 135.01유로(약 17만 원), 넷은 154.65유로(약 19만 원), 다섯인 경우 174.27유로(약 22만 원)를 받는다. 다섯 명 이후부터는 같고, 매년 조금씩 금액의 차이가 있다.

아이가 다섯 명 있다고 가정한다면 첫째 아이는 매달 95.75유로를 받고, 다섯째 아이는 매달 174.27유로를 받는다. 아이가 다섯 명이 있다고 해서 모두 174.27유로를 받는 것은 아니다. 이 정도 금액은 넉넉한 사람들에겐 있으나 없으나 별 차이가 없는 정도의 돈이고, 중산층에겐 없으면 살짝 아쉬울 정도다. 하지만 간절한 사람들에겐 꼭 있어야만 하는 돈이 될 것이다. 그럼에도 이런 혜택은 생활 수준과 상관없이 모두 동일하게 적용된다.

[좀 더 하고 싶은 말들]

작업실 안에서의 헬리는 그랬다. 겉모습은 긴장과 자극의 끈을 놓지 않는 듯하지만 붓을 잡은 손놀림은 가벼워 보였다. 헬리에게 그림은 인생의 즐거움을 찾기 위한 통로. 안경 너머로 보이는 눈빛은 끊임없이 반짝이며 예술이 주제가 되는 대화를 이어갔고, 그 속에서 아티스트로서의 결의가 느껴졌다. 작업에 대한 의식은 무엇을 표현하든 진솔한 삶의 일기 같다.

하지만 작업실 밖 일상으로 나온 그녀는 그 어떤 것에도 얽매이지 않는다. 나무에 서 딴 사과를 씻어 크기가 맞게 잘라 잼 만들 준비를 하는 평범한 아주머니의 모습 이 있을 뿐이었다.

북쪽 끝 겨울의 사막을 가다

1 그해 여름, 라플란드

어릴 적 나는 '밤비'가 나오는 동화책을 보다가 잠드는 것을 좋아했다. 총총거리며 뛰어다니는 숲 속의 밤비는 밤하늘의 별처럼 반짝이는 눈동자로 나를 무아지경으로 만들었다.

8년 전 여름. 처음 라플란드를 찾았을 때, 지지 않은 해와 절정에 이르는 푸름을 먹고 자라는 순록들을 보고 어릴 때 꿈에서나 같이 놀던 밤비와의 만남, 그 소망을 이룬 것 같았다. 길에서 한가롭게 베리와 이끼를 먹는 순록들을 그토록 따라다녔었다. 그리고 꿈같았던 기억은 8년 만에 다시 찾아왔다. 헬싱키에서 핀란드의 가장 북쪽에 있는 공항 이발로Ivalo까지는 한 시간 반이 걸린다. 눈이 많이 내렸다고 생각한 헬싱키였지만, 위에서 보니 벌써 군데군데 녹아 짙은 황록색을 띠고 있었다. 북쪽에 다다를수록 기내 밖 풍경은 하얀 세상으로 변했다. 아침 10시에 도착한 이발로 공항은 아직 일출 전이었지만, 밖은 생각보다 어둡지 않았다. 인디고블루로 생각하고 있었다면 실제 모습은 울트라마린에 가까웠다.

비행기가 안전하게 착륙하자 기내 안 사람들이 주섬주섬 옷을 입느라 분주하다. 마치 다들 눈과의 전쟁을 하기 위해 전투복을 챙겨 입는 용사들처럼 각오가 대단해 보인다. 얼마나 추운지 체감할 수 없었고 실내 온도에 답답해진 나는 장갑도 끼지 않은 채 비행기 밖으로 나갔다가 "어우!" 소리와 함께 다시 들어갔다.

눈 쌓인 활주로에 덩그러니 놓인 비행기에서 내려와 땅에 발을 딛는 순간부터 사람들은 북쪽의 모습을 하나라도 놓칠세라 바쁘게 사진으로 찍어댄다. 공항 안으로 몇십 발짝 걸어가는 사이, 내 심장마저 추위에 놀란 것 같다. 청명한 푸른 아침의 공기는 숨을 쉴 때마다 영하 30도의 기온을 그대로 내 몸속으로 들여보냈고 나는 그렇게, 태어나서 가장 차가운 공기를 들이마시고 있었다.

2 그해 겨울, 라플란드 사리셀카Saariselkä

라플란드 여름의 호수가 티 없이 투명함을 비추는 거울이었다면, 겨울 호수는 미지의 시간과도 같은 결정체다. 변한 것 없이 본래의 장소에 그대로 있었지만 존재하는 모든 것이 전부 얼어붙었다. 땅과 호수, 길과 숲은 전혀 구분할 수 없었고, 어쩌다 내 머리 위로 날아간 새 한 마리가 얼어 죽지는 않을까 걱정되었다. 여름과 달리, 마치 주차된 차들처럼 나무에 묶여 있는 순록들은 어딘가 모르게 측은해 보였다.

"여기가 진짜 그때 우리가 왔던 곳 맞아?"

아무리 여름과 겨울이 다르다 해도 같은 장소, 아니 같은 나라에 있다는 것 자체가 전혀 실감 나지 않았다. 겨울이라도 다 같은 겨울이 아니었고, 눈이라고 해서 다 같은 눈이 아니었다. 적어도 이곳에서는 그랬다. 1월의 해는 여전히 놀라울 만큼 짧다. 우리에게 주어진 시간은 11시 반부터 1시 반까지다. 해가 하루에 20분만 뜰 때도 있는 12월에 비하면 감지덕지이겠지만 두 시간의 해는 눈부심도 없다. 대신 시시각각 몽환적인 푸른색을 분산시킨다.

새벽 같은 오후의 라플란드는 세상 끝난 뒤의 모습 혹은 태초가 시작되는 시점 같다. 이곳의 풍경을 어찌 말로 풀어낼 수 있을까. 말로 형용할 수 없을 정도다. 스케일부터 다른 추위가 이렇게 고혹적인 매력으로 다가와 내 마음의 과녁을 명중시킬 수 있을까. 때로는 막막한 모습으로, 때로는 성스러운 모습으로 나를 계속 유혹했다. 예측할 수 없는 거친 추위와 쌓인 눈은 한 치 앞을 알 수 없고, 발이 얼마나 빠질까 낯섦과 두려움이 더해서 걷는 내내 자꾸 발끝을 쳐다보게 된다.

3 생명의 숭고함에 대하여

가로등조차 없는 도로들은 차 라이트를 켜지 않으면 눈을 꼭 감은 것처럼 어둡다. 운전을 하다 급정거를 해도 사고가 나지 않을 만큼(물론 길이 스케이트장 수준이라는 것만 감안한다면) 도로에 차가 텅텅 비어 있긴 하지만, 언제 어디서 순록들이 스윽 나타날지 모르므로 그저 조심을 가슴에 새기면서 운전하는 수밖에 없다.

차 라이트 때문인지 전방 50미터 지점 갓길에 순록 두 마리가 얼쩡거리는 게 보였다. 속도를 줄이고 운전했으나 불빛 때문에 놀랐는지 순록들이 갑자기 도로 안으로 들어왔다. 한 녀석은 작아 보이는 것이 아무래도 새끼인가 보다.

그들이 있던 갓길에 주차했다. 2차선 도로 중간에 가만히 있는 두 마리가 위태로워 보였다. 계속 그 주변을 맴돌다가 자칫 생명이라도 잃는 건 아닌지 걱정되어 나와 남편은 지켜보기로 했다. 아니, 지켜봐야 했다. 늦은 오후였지만 진작 해가 졌기 때문에 체감으로는 새벽 2시 같았다. 추위를 이겨가며 순록 두 마리가 빨리 도로에서 멀리 떨어진 곳으로 가주길 바랐다.

그때였다. 저 멀리 차 라이트 불빛이 희미하게 보이고 남편이 갑자기 소리를 질렀다.

"Varokaa autoja! (차 조심해!)"

그 소리를 듣고 놀란 건지, 아니면 본능적으로 피한 건지 순록 두 마리는 그 이후로도 몇 번이나 우발적인 행동을 반복하다가 숲 속으로 완전히 사라졌다. 8년 전, 한여름에 왔을 때도 느꼈지만 겨울은 더 심각한 수준이었다. 순록들 삶의 근거지에 인간들이 침입해서 이미 많은 부분을 갉아먹고 있다는 것을. 그리고 어느 누구도 제어할 수 없는 현실이.

4 오로라는 꽝! 다음 기회에

화려한 것들에 현혹되고 편리한 불빛에 길들여진 내 눈은 깜깜한 세상에선 알 수 없는 미묘한 모습들이 아른거렸다. 허깨비처럼 오로라가 눈에 보이는 것도 같고 나무나 돌 위에 쌓이고 쌓이다 못한 눈들은 사람이나 동물 또는 괴상한 형상으로 보이기도 한다. 쏟아지는 별들은 또 어떤가. 도시의 별과는 크기부터 다르다. 3D 안경을 쓰고 하늘을 쳐다보는 것처럼 입체적이다.

오로라의 등장? 도도할 만큼 보기 힘들다. 하늘이 맑지 않아 기대하지 않았지만, 그래도 날씨라는 건 가끔 인간이 추측할 수 없을 때도 있으니까 헬싱키에서 멀리 와줬다고 혹시 나를 위해 살짝 하나 맛보기로 보여주지 않을까 기다렸지만, 다음에 한 번 더 오라는 속셈인지 이번 기회는 꽝이었다. 오로라를 여러 번 본 남편은 나보다 더 기다리는 눈치였다. 저 멀리 조금만 불빛이 비쳐도 혹시 오로라의 조짐이 아니냐며 설레발을 쳤다.

5 주의 사항(영하 25~30도 기준)

대기가 굉장히 건조해서 아침에 일어나 세수를 하지 않아도 상관없다. 여기 사람들은 오히려 아침에 세수를 하지 말라고 말한다. 핸드크림과 립밤은 수시로 발라줘야 한다. 정전기가 엄청나다. 혹시라도 입을 맞추려는 연인이 있다면 정전기 뽀뽀를 조심하라.

외부에 나갈 때는 양말과 그 위에 두꺼운 양말, 방수 신발, 하의는 레깅스를 입고 그 위에 따뜻한 바지, 마지막으로 그 위에 두툼한 방수 바지를 덧입는다. 상의는 내복이나 보온이 잘되는 얇은 티, 그 위에 목 폴라나 니트를 입고 그 위에 털 안감이 든 조끼나 카디건을 입고 마지막으로 두툼한 방수용 재킷을 입어야 한다.

얼굴은 눈만 빼고 전부 다 가리는 모자를 쓰고 그 위에 털모자를 더 쓴다. 장갑 역시 방수용 장갑을 착용해야 한다. 하지만 아무리 바람을 최고로 막아주는 옷을 입어도 바스락거리는 소리를 내며 딱딱하게 얼어가는 옷을 느끼게 될 것이다.

6 여운

이곳은 살아가면서 반드시 가봐야 할 곳은 아닐지 몰라도 벗어나는 순간 아득해진 모습으로 내 시선을 숨 막히게 만드는 곳, 적막함과 아득함 그리고 찬란함에 가슴이 아려오는 곳, 인간과 자연은 정말 필연적이라는 그 심오한 깊이에 대해 생각할 수 있는 곳, 낯섦과 설렘을 동시에 느끼는 곳, 다채로운 유혹이 가득한 곳이다.

내겐 분명 장황한 설명이 필요한 곳, 라플란드.

me, too FINLAND

me, too FINLAND

Name : 엘리사 Elisa
Born : 1987년
Lives : 케라바 Kerava
Profession : 디자이너
Family : 남편 피에타리 Pietari,
아들 오이바 Oiva

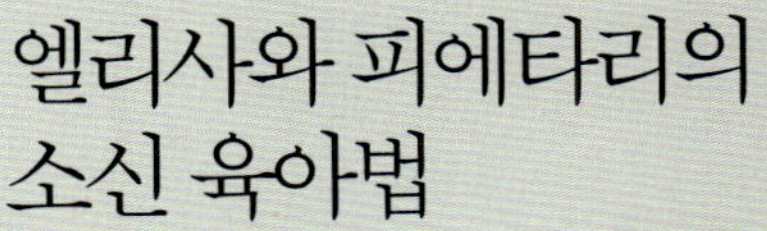

엘리사와 피에타리의
소신 육아법

9

: 엄마 아빠보다 더 소신 있는
육아 전문가는 없어! me, too!

me, too FINLAND

me, too FINLAND

[남자 친구의 유학, 허락된 동거]

엘리사는 열일곱 살 때, 다섯 살 위의 현재 남편 피에타리를 만났다. 그런데 연애 3개월 만에 피에타리가 영국으로 유학을 떠났고, 엘리사는 고등학교를 졸업해야 했기 때문에 핀란드에 남아 있었다. 2년간의 장거리 연애를 끝내고 피에타리가 있는 영국으로 가서 동거를 시작했다. 엘리사 부모님의 특별한 반대는 없었다. 핀란드에서의 연애 기간은 짧았지만, 피에타리는 휴일마다 엘리사 가족과 함께 시간을 보냈고, 가족도 딸의 남자 친구로 확실히 인정해주었으니까.

엘리사는 영국에서 1년 동안 디자인을 공부했다. 학비는 부모님이 내주셨지만 생활비는 핀란드 정부의 도움을 받았다. 핀란드에서는 대학생이 되면 방학을 제외하고 매달 사회보험기관의 학생 수당을 받는데 그 금액은 335.32유로약 45만 원. 신청만 하면 다른 나라에서 공부하는 사람에게도 지원해준다.

엘리사와 피에타리는 영국에서 1년여의 동거 기간을 거친 후, 지난 2008년에 핀란드에서 결혼했다. 대학 재학 중에 결혼한 엘리사는 아이도 학부 과정 중에 낳을 계획을 세웠다. 대학을 졸업하고 직업을 가진 뒤 아이를 낳아서 육아 휴직을 하고 싶지는 않았다. 핀란드에서는 육아 휴직이 당연히 받을 수 있는 제도이긴 하지만 엘리사는 업무에 공백기를 갖고 싶지 않았다. 학교에 다니면서 아이를 낳아 기르는 편이 훨씬 쉬울 것이라 생각했고, 그 계획에 맞춰 3년 뒤인 2011년 3월에 오이바를 출산했다.

엘리사의 근무 시간은 아침 7시부터 오후 3시까지다. 회사의 공식 출근 시간은 오전 10시 전까지 자유롭게 선택할 수 있으며 하루에 여덟 시간만 일하면 된다. 그럼에도 불구하고 엘리사가 출근을 서두르는 이유는 오후 4시에 아이를 데리러 유치원에 가야 하기 때문이다. 엘리사가 출근하면 남편이 오이바를 유치원에 데려다주고, 키우는 개를 산책시킨다.

출근 준비로 바쁜 주중에는 커피로 아침을 해결하고, 오이바는 유치원에서 원생들과 함께 식사를 한다. 엘리사는 퇴근길에 오이바를 데리고 집으로 와서 저녁을 준비하고 한두 시간 내에 퇴근한 남편과 함께 온 가족이 식사를 한다. 저녁을 먹은 후 간식 시간은 7시부터 8시 사이다. 부부는 이런 과정을 '주중 되돌이표'라고 부른다. 하지만 맞벌이를 하고 있어 힘들다는 생각은 들지 않는다. 부부가 함께 집안일에 적극적으로 동참하기 때문이다. 엘리사의 집에서는 남자가 하는 일, 여자가 하는 일이 구분되어 있지 않다. 때에 따라 한 사람이 조금 더 많이 할 때는 있지만, 대부분 모든 일을 똑같이 나눠 하고 있으며 둘 다 요리를 하고 아이를 돌본다.

[핀란드산 베리를 사랑하는 살림꾼]

엘리사는 햇감자에 딜과 차갑게 식은 훈제 연어를 먹는 핀란드 음식을 가장 좋아한다. 이 음식은 어린 시절의 여름을 떠올리게 한다. 맞벌이를 하기 때문에 주중에는 퇴근한 후 주로 파스타, 리소토, 수프와 샐러드 등 빠르고 쉬운 요리를 만든다. 다행히 오이바는 편식을 하지 않아서 아이만을 위해 따로 음식을 만들지 않아도 된다. 생선과 호밀 빵도 주식에서 빠질 수 없는 메뉴다. 무엇보다 엘리사는 여름에만 나오는 핀란드산 신선한 베리들에 '힘'이 들어가 있다고 말한다. 핀란드 베리의 맛은 다른 나라에서 수입해온 과일의 맛과는 다르게 강한 시큼함이 느껴진다. 과일을 특별히 챙겨 먹지 않는 사람도 여름철 핀란드산 베리만큼은 반드시 사 먹는다. 크기는 작지만 비타민이 매우 풍부하고, 여름 한철에만 맛볼 수 있기 때문에 그 가치를 인정한다.

맞벌이를 하고, 살림을 하면서도 힘든 줄 모른다는 이 즐거운 엄마는 사실 꿈이 많았다. 수의사도 되고 싶었고, 미용사도 되고 싶었다. 하지만 그 많던 꿈들은 시간이 흐르면서 사라지거나 묻혔다. 그러나 일러스트레이터가 되고 싶다는 꿈만은 변하지 않았다. 그 꿈과 비슷한 분야인 포장과 브랜드 디자인을 전공한 엘리사는 현재 디자이너로 일하고 있다.

[육아 책 한 권 읽지 않는 소신 육아법]

① 남의 육아 정보는 엿보지 않는다

"양육의 핵심은 기본 상식을 따르는 게 아닐까요? 우리 부부는 육아 책을 읽은 적이 없어요. 인터넷의 육아 블로그도 참고하지 않아요. 핀란드 사람들은 육아 책에 의존하지 않거든요. 떠돌아다니는 숱한 말들이 과연 다 맞을까요? 예를 들어 아기가 배고프다는 신호를 보내면 공공장소라도 모유 수유를 해요. 저는 오이바가 18개월 될 때까지 모유 수유를 했어요."

지키고 따라야 하는 육아 지침이 있지만 자연적으로 찾아오는 감각을 이용해 키우면 된다고 생각한다. 잠을 잘 자야 하고, 잘 먹어야 하고, 안아주며 애정 표현을 해야 하는 것을 기본으로 나머지 부분은 각자의 가정 분위기에 맞게! 핀란드 스타일의 육아는 이렇다.

오이바는 하루에도 여러 차례, 엄마에게 "아이티 미나 라카스탄 시누아Äiti minä rakastan sinua"라고 말한다. '엄마 사랑해'라는 뜻이다. 간식을 먹다가도 엄마에게 뽀뽀를 하고 안아준다. 그런 오이바의 뒤에는 늘 웃음으로, 가슴으로 안아주는 엄마 엘리사가 있다.

② 첫째도 독립, 둘째도 독립, 셋째도 독립!

"오이바는 정말 독립적인 아이예요."

네 살 아이 오이바는 가족이 다 같이 개를 산책시킬 때 혼자 개 목줄을 잡고 걷기를 원한다. 나무 막대기를 가지고 훈련 비슷한 것도 시킨다. 스스로 옷을 갈아입은 지도 오래되었고, 화장실도 혼자 가며, 욕조에 물을 받아주면 어설프지만 혼자 목욕을 한다. 물론 잠도 혼자 잔다. 아플 때는 새벽에 깨어 부부 사이에서 자기도 하지만 기본적으로 밤 8시가 되면 얌전히 침대로 올라간다. 이렇듯 대부분의 일을 혼자 스스로 하는데 도움이 필요할 땐 언제나 엄마 아빠에게 "도와주세요!"라고 말한다. 오이바를 독립적인 아이로 키우기 위해 어릴 때부터 집안일의 일부를 하게 했던 것이 큰 도움이 되었다. 현재 오이바가 반드시 지키고 있는 것은 이런 일들이다.

1. 장난감은 가지고 논 뒤 반드시 치운다.

2. 세탁기에 자기 옷은 스스로 넣는다.

3. 세탁기에서 나온 자신의 옷을 건조대에 넣는다.

4. 식사 후 그릇을 개수대에 넣는다.

5. 엄마가 요리할 때 필요하면 돕는다.

물론 잘하다가도 "나는 바지를 어떻게 입는지 모르는 척할 거예요. 바지를 바닥에 놓고 한 시간 동안 아기처럼 행동할 거예요"라고 말하기도 하고, 외출했을 때는 화장실에 가기 싫어한다. 하지만 그럴 때에도 엘리사가 10초까지 숫자를 세며 그 안에 움직일 것을 일러주면 이내 마음을 고쳐먹고 혼자 할 준비를 한다.

③ 장난감 중고 시장은 오이바의 보물 창고

주말이 되면 엘리사와 피에타리는 오이바에게 "보물찾기 하러 가자!"라고 말한다.

가족이 말하는 보물찾기 장소는 바로 중고 숍이다. 부부는 오이바에게 새 장난감을 거의 사주지 않는다. 중고 숍이나 벼룩시장에 가서 물건이 어떻게 재사용되는지를, 그리고 내게 필요 없는 물건이 남에게는 꼭 필요한 물건일 수 있다는 것 등을 가르쳐준다.

"광고에 아이들을 현혹시키는 장난감들이 있어요. 오이바를 제외한 모든 아이들이 그것을 가지고 있다 해도 내 아이에게 사줄 필요는 없어요. 어차피 그런 유행은 늘 빠르게 지나갈 테니까요. 오이바가 그런 장난감이 없다고 해서 다른 아이들 놀이에서 제외된 적은 없어요. 아이도 특별히 새 장난감에 집착하거나 조르지도 않죠. 아마 어릴 때부터 재활용의 습관을 심어주었기 때문이 아닐까 생각해요."

물론 새 장난감을 사줄 때도 있다. 오이바가 어떤 것을 정말 원하고 갖고 싶어 할 때 그리고 그 마음이 며칠에서 몇 주까지 지속될 경우에는 새 장난감을 사줄지 고려한다. 하지만 그때도 원하는 모든 것을 가질 수 없다는 걸 일깨워준다.

오이바의 옷장에는 'Flea'라고 새겨진 박스가 있다. 가지고 놀던 장난감이 더 이상 필요 없을 때 그 박스에 하나씩 넣어두고, 가득 차면 중고 숍에 기증한다. 그때서야 오이바에게도 새로운 장난감이 주어진다. 하지만 선물로 받은 장난감은 추억으로 남기기 위해 기증하지 않고 보관한다.

④ 아파트 층간 소음에 대처하는 법

엘리사 가족은 원래 연립 주택 semidetached house 에 살았다. 그곳에선 강아지가 마음껏 짖어도 상관없었고 아이가 쿵쾅거려도 크게 문제 될 것이 없었다. 그러다 지난해 가을, 지금 살고 있는 아파트로 이사를 왔는데 주택과 달리 아파트에서는 오이바에게 적응 기간이 필요했다.

장난감 망치로 바닥을 치지 않는 일, 새벽 6시에 기타를 치면 안 되는 일 등 그동안 해왔던 놀이를 갑자기 바꿔야 했고, 새로운 규칙들을 기억하고 적응하기까지는 몇 주의 시간이 걸렸다. 오이바에게 조심을 시키면서도 엘리사는 "아이들이 만들어내는 어느 정도의 소음은 받아들여야 한다"고 말한다. 내 집뿐만 아니라 다른 집 아이들이 내는 소음도 지나치지만 않으면 이해해야 한다고 말이다.

핀란드 사람들이 층간 소음에 대처하는 자세는 평소의 차분하고 참을성이 많고 이해하는 마음 그대로다. 그러다 가슴이 벌렁거릴 정도 수위의 소음이 연속해서 들리면 그 집 문 앞에 편지를 붙여놓는단다. 이때에도 편지는 사실만을 전달하고, 기분이 상하지 않게 정중하게 쓴다. 핀란드 역시 사람 사는 곳이니 가끔씩 밤 10시에 드릴 소리가 나기도 하고, 주말에 파티를 하느라 소음이 생기기도 하지만 그런 시간은 길지 않다. 서로 옥신각신 실랑이를 벌이며 이웃 간의 관계를 훼손시키지 않아도 되도록 작은 배려가 끊임없이 전해진다.

⑤ 글은 학교에 들어가서 배운다

"지금은 정년퇴직을 하셨지만 저희 엄마는 중학교 텍스타일 교사로 일하셨어요. 엄마가 일하시는 모습이나 교육을 대하는 올바른 마인드를 보며 자랐지요. 학교에 입학해 본격적으로 공부를 하면서도 '아! 내가 좋은 나라에 살고 있구나' 하고 느꼈어요. 저는 깊이 있게 학문을 탐구할 만큼 공부하는 걸 좋아하는 학생은 아니었지만,

수업은 즐겼어요. 스칸디나비안 교육은 이론과 실천을 강조해요. 부모들이 기본을 가르치기 위해 미리 준비할 필요가 없어요."

엘리사 부부는 오이바가 신생아 때부터 꽤 많은 양의 문장과 글을 읽어주었다. 그리고 이렇게 계속 읽어주면 문법에도 도움이 될 것이라 믿고 있었다. 물론 오이바에게 서둘러 글을 가르칠 생각은 전혀 없다. 그래서 아이가 학교에 들어갈 때까지 따로 글을 가르치지는 않을 생각이다. 오이바를 위한 구체적인 교육 플랜도 아직은 준비되지 않았다. 그러나 책을 읽어주는 것만으로도 이미 오이바는 꽤 많은 단어들을 이해하고 있다.

⑥ 맞벌이 육아의 고충은 양가 부모와 함께 나눈다

엘리사는 아이를 키우면서 양쪽 부모님의 도움을 많이 받는다. 그리고 그 도움을 '엄청난 도움'이라고 말한다. 가까운 동네에 사는 피에타리의 부모님은 에너지가 넘치는 분들이고 아이 봐주길 열렬히 원한다. 그들은 아이를 집으로 데려가 하룻밤 재워주기도 하고 주말 동안 짧은 여행에 데려가주기도 한다.

대부, 대모, 남편의 다른 가족 어른들도 아이에 대한 관심이 무한하다. 긴 시간은 아니어도 항상 아이를 봐주길 원한다.

엘리사에게 시댁은 두 번째 가족이다. 남편 피에타리에게는 세 명의 여동생이 있는데 오빠 한 명과 자란 엘리사에게 그들은 친자매나 다름없다. 쇼핑도 같이하고, 부담 없이 오이바를 맡기기도 한다.

엘리사는 부모의 도움 없이 아이를 키우는 것은 힘들지 않겠느냐고 말했다. 대놓고

me, too FINLAND

BRIO

과한 도움을 청하지는 않지만, 도움이 필요할 때마다 선뜻 들어주는 가족이 있다는 것에 감사해하고 있다. 그러나 모든 사람들이 자신들처럼 훌륭한 가족을 가지고 있지 않다는 것을 알기에 절대 당연하게 여기지 않는다.

⑦ 핀란드 유치원의 유일한 단점은 정원 문제

엘리사 가족은 직장이 있는 헬싱키와 30킬로미터 이상 떨어진 케라바Kerava라는 곳에 살고 있다. 부부의 직장만을 고려하면 이 동네에 살 이유가 없지만 오이바의 유치원 때문에 헬싱키로의 이사 계획도 뒤로 미뤄진 상태다.

엘리사는 핀란드 유치원에 사람이 점점 많아지고, 한 그룹 안에 인원이 너무 많다는 것이 유일한 단점이라고 말한다. 때문에 비교적 소수 인원으로 그룹을 나눌 수 있는 이곳 유치원을 옮기고 싶지 않다.

핀란드에서는 이런 문제들을 예방하기 위해 아이들을 무조건적으로 유치원에 보내는 게 아니라 케르호토이민타Kerhotoiminta에 보내라는 캠페인을 펼치기 시작했다. 여기서 말하는 케르호토이민타란 일종의 클럽으로 봉사 단체, 지방자치제 또는 교회 등에 의해 구성되어 있다. 일주일에 한 번, 두 시간씩 시간을 보낼 수 있으며 시즌에 20유로약 2만 5000원 이상이다. 정부에서 유치원 비용을 어느 정도 감당하고 있으므로 예산 낭비를 막겠다는 의도도 있다. 결론적으로 인원 문제만 제외하면 핀란드 유치원을 완전히 믿는다. 오이바는 유치원에서 스포츠, 음악, 가까운 숲으로의 여행 등 다목적 활동을 하기 때문에 다른 활동은 전혀 하지 않고 있다. 학교에 입학하면 그때 제대로 된 오이바만의 취미 활동을 시작하게 할 생각이다.

[현재의 삶을 사랑하는 엄마]

아이가 두 살 무렵 대학을 졸업하고, 1년 동안 집에서 아이를 돌본 뒤 일을 시작한 그녀의 또 다른 꿈은 '엄마'였다고 한다. 워킹맘으로서의 괴로움을 느낄 때도 있지만 지금과 같은 경제 위기에서도 계속 할 일이 있다는 데 감사한다. 그래서 엄마와 디자이너라는 두 가지 일에 언제나 최선을 다한다.

"30년 가까이 살면서 배운 교훈 한 가지는 지금 이 순간이 가장 중요하다는 거예요. 그래서 나는 분명한 계획을 세우지는 않아요. 우리 가족은 계속 핀란드에서 살 것이고, 돈을 모으면 집을 살 것이고, 미래 어느 순간에는 아이를 하나 더 가지겠죠. 안달복달하지 않고 내가 원하는 것, 목표한 그대로 밀고 나가면 다른 한쪽에서 이미 이루어지고 성장되어 결국 달성되는 것 같아요. 개인적인 꿈은 오이바를 키운 뒤 프리랜서 일러스트레이터로 일하면서 자유롭게 작업하고 싶다는 것 정도예요."

me, too FINLAND

me, too FINLAND

[엘리사가 말하는 핀란드 & 핀란드 사람들]

엘리사는 핀란드 사람 중에서도 유독 나라에 대한 사랑이 큰 편이다. 핀란드의 훌륭한 교육 체제와 완벽에 가까운 의료 시스템은 사람들이 보다 쉽고 안전하게 살아갈 수 있게 하고, 깨끗하고 신선한 물과 공기가 흐르며 아름다운 사계절이 있다고 생각한다는 말에서도 진심이 묻어난다. 비록 그 사계절 중 세 계절이 춥기는 하지만 말이다.

"핀란드는 내게 집 같은 존재예요. 몇 년 동안 다른 나라에 가서 살 기회가 있었지만, 아이를 낳은 뒤로는 핀란드식으로 아이를 키우고 싶어 생활 터전을 옮기지 않았어요. 핀란드라는 나라는 오래 살수록 그 진가를 알 수 있게 돼요. 노력하면 기회를 얻고 가능성이 이루어지는 나라지요. 적절한 환경 덕분에 내 삶을 원하는 대로 계획하면서 만들어나갈 수 있어요."

그러나 좋은 서비스를 뒷받침하기 위해선 높은 세금을 내야 하고, 주거 임대비도 비싸고, 전체적으로 물가가 높은 것도 지적했다. 사회보장제도는 확실하지만, 그 도움을 의심 없이 받으려면 지나치다 싶을 만큼 많은 서류를 세세히 작성해야 한다는 점도 조금은 불편하단다.

"핀란드에서 핀란드인 친구를 사귀는 건 힘들 수도 있어요. 하지만 한 명을 사귀면 그 한 명을 쉽게 잃진 않을 거예요."

엘리사는 남녀 모두와 좋은 친구가 되기를 원하는, 사교성 좋은 사람이다. 특별한 화제가 없어도 스스럼없이 이야기를 시작하는 분위기 메이커다. 퇴근 후 직장 동료들과 맥주로 친목을 다지기도 하고, 함께 운동을 하기도 한다. 철판 깔고 친해지려고 작정하면 외려 이상하게 여기고, 사적인 이야기를 한가롭게 늘어놓지 않는 것이 핀란드 사람들의 일반적인 특징인데 그에 비춰보면 엘리사는 조금 특별한 재주를 가지고 있다.

"핀란드 사람들은 비사교적이고 고집스러우며, 진부한 틀에 박혀서 뭔가 심각한 얼굴들을 하고 있어요. 하지만 그런 침묵을 이해하면서 벽을 깨면 친절하고, 관계에 충실하며 남을 기꺼이 도와주는 진짜 모습이 보일 거예요."

그녀의 귀띔이다.

[좀 더 하고 싶은 말들]

"핀란드 여성은 마치 특권을 가진 사람들 같아요. 전쟁 위험이 없고 기아에 허덕이는 사람들이 없다는 걸 깨달았던 어린 시절부터 지금까지, 핀란드는 변함없이 내게 행복을 주는 나라예요. 핀란드 여성의 월급이 남자보다 낮은 건 사실이지만 한 발짝 떨어져서 큰 그림으로 전체를 볼 때 그 안에는 불평등이 존재하지 않아요. 나는 사회 안에서 안전함을 느끼면서 내 전공을 이용해 직업을 가질 수 있고, 아이를 유치원에 믿고 맡길 수 있어요. 자유롭게 선택할 권리가 누구에게나 있는 것은 물론이고요. 모든 사람이 공부하고 여행할 수 있고, 살 집은 물론 적당히 음식을 살 수 있는 돈이 주어지는 나라이기도 하지요. 여자라는 이유만으로 규정된 사회에서 살아가지 않아도 되니… 핀란드에서 태어난 건 정말 행운이에요."

핀란드가 그렇다. 핀란드를 사랑하는 엘리사의 말에 따르면!

10

안넬리와 헤이키의 은퇴, 그 후

Name : 안넬리 | Anneli
Born : 1949년
Lives : 반타 | Vantaa
Profession : 연금 수급자
Family : 남편 헤이키 | Heikki

: 아무것도 하지 않을 자유를 누리는 것도 중요해! me, too!

[안넬리 할머니의 인생 2막]

① 봉사하는 삶을 시작하다

매일 아침 안넬리는 사우·바카벨리Sauvakävely노르딕 워킹이라 부르는데 양손에 막대기를 들고 땅을 짚으며 걷는 운동를 한다. 지금 그녀에게 가장 중요한 것은 건강이다. 몸에 문제가 생기지 않고 건강한 상태로 늙어가기 위해 노력하고 있다.

은퇴 후 한결 늘어난 시간들을 의미 있게 사용하고 싶었다. 하루하루를 그날이 그날인 듯 보내다 보면 일과에 무뎌지면서 공허함을 느낄 게 뻔했다. 사용량이 점점 줄어들어 굳어갈 머리도 걱정되었다. 안넬리는 나이와 상관없이 늘 도전하고 성취감을 느끼며 살아가고 싶었다. 인생의 재조명이 필요했다.

안넬리는 은퇴 후, 200년 전에 설립된 자선 단체에 소속되어 봉사 활동을 하고 있다. 병원에 가서 아픈 사람들에게 격려의 말을 해주거나, 그들과 눈인사를 나누며 몸과 마음의 고통을 덜어주는 말동무가 되기도 한다. 일주일 전에는 깨끗한 헌 옷들을 모아 바스타노토코티Vastaanottokoti살 곳을 잃은 사람들이나 혼자 살아갈 수 없는 사람들을 위한 공공 수용 시설에 전달해주었고, 교회에서 어린이 병원을 위한 자선 단체 모금 콘서트에 참여하기도 했다.

② 할머니가 되면서 더욱 단단해진 삶

안넬리는 첫딸 사이야가 낳은 아이들을 돌봐야 하는 책임감이 있다. 의무감 때문은 아니다. 자식의 자식이기 때문에 자연스럽게 끌어당기는 책임감이다. 간호사로 일하는 큰딸은 이른 시간에 헬싱키로 출근한다. 바쁜 딸을 대신해 아침 일찍 딸의 집에 가서 손자 밀로Milo와 손녀 이슬라Isla를 만난다. 그리고 학교와 유치원에 데려다준다. 평소에는 사위가 하는 일이지만 해외 출장 때문에 자리를 비우면 한동네에 사는 안넬리가 대신 해주는 것이다. 손주들의 수업이 끝나면 집으로 데려와 간식을 먹이면 놀아주기도 한다.

"나는 손주들이 자라는 과정을 지켜보는 게 좋아요. 그들에게 내가 도움이 된다는 것은 보람 있는 일이에요. 음식을 만들어줄 때는 좀 더 행복해요. 요리는 제가 제일 잘하는 일이니까요."

첫째 손자 밀로가 태어났을 때 안넬리는 일을 하고 있었다. 주중에는 회사에 다니느라 시간을 내지 못했지만, 주말에는 딸의 집에서 손자를 봐주었고, 두 살 무렵부터는 주말마다 자신의 집으로 데려와 같이 먹고 자며 시간을 보냈다.

안넬리의 남편 헤이키는 좋은 전시가 있으면 밀로와 꼭 함께 갔고, 여름이면 보트를 타고 고기를 잡으러 다녔다. 밀로가 자랄수록 큰딸 가족과 캠핑을 자주 다니게 되었는데, 주로 가족 코티지가 있는 라플란드 솔로야르비Solojärvi와 가까운 주변 유럽 국가들을 다녔다. 요즘은 딸 부부의 별장이 있는 에스토니아로 여행을 간다.

③ 30년 만의 가사 분담

은퇴 전까지는 집안일을 해주는 사람이 매일 집으로 왔기 때문에 퇴근하면 깨끗하게 정리된 집과 필요한 물품들이 항상 준비되어 있었다. 오랫동안 그 생활에 익숙했던 그녀는 은퇴 이후에도 한동안 가사 도우미에게 집안일을 맡겼는데, 현재는 안넬리와 남편이 집안일을 하고 있다.

잡초를 뽑고 정원을 관리하는 일, 두 대의 차를 손보고 수리를 맡기는 일, 거실 유리를 닦고 식기세척기에 그릇들을 넣고 꺼내는 일은 남편이 한다. 대신 빨래와 화장실 청소, 손걸레질은 안넬리가 한다. 부부가 30년 만에 가사 분담에 대한 규칙 아닌 규칙을 정한 것이다. 음식 역시 안넬리가 만들지만 마트에 가는 건 두 사람이 돌아가면서 한다. 밖에 나갔다가 집으로 돌아가는 길에 마트에 들르면 그날이 마트 가는 날이 되기도 한다.

④ 연금 덕에 경제적 마찰이 적은 편

현재 부부는 은퇴 후 연금으로 살아가고 있다. 서로의 계좌로 들어오는 돈은 각자 관리하며 간섭하지 않는다. 오래전, 신혼 초에는 1년 동안 가계부를 쓰면서 생활비를 꼼꼼히 점검했는데 정확히 1년 후부터 지금까지 써본 적이 없다. 가계부를 쓰면서도 공동 계좌를 사용하지는 않았다.

결혼 전에 동거 시절을 거쳤을 때부터 지금까지 각자의 돈은 자유롭게 썼는데, 늘 남편 월급이 안넬리보다 더 많았기 때문에 남편이 세금 부분의 상당액을 냈고, 이것은 지금도 마찬가지다. 돈 문제로 마찰이 있다거나 문제를 겪은 적은 없는데, 이는 두 사람 모두 늘 적당한 수입이 있었기 때문이라고 생각한다.

핀란드의 연금 정책을 더 알고 싶다면

핀란드에서는 보통 68세 정년 이후에 연금을 받기 시작한다(개인적 상황에 따라 일찍 받을 수도 있다). 핀란드의 연금에는 고용연금이란 뜻의 튀요엘라케Työeläke와, 사람들의 연금이란 뜻의 칸사네라케Kansaneläke가 있다. 전자의 경우 일을 시작한 나이와 정년의 시점, 벌어들인 수입에 따라 달라진다. 후자의 경우는 68세 이후부터 받을 수 있는데 직업이 있었지만 규칙적이지 못하고 수입이 적었던 경우나, 단 한 번도 일을 하지 않은 경우 받을 수 있다. 2015년 기준 그 금액은 매달 636.63유로(약 85만 원)며, 한집에 같이 사는 사람이 있는 경우에는 매달 564.69유로(약 75만 원)다.

⑤ 요리는 최대한 간단히!

부부는 음식 메뉴를 정하기보다 그날그날 마음 당기는 음식을 먹는다. 내일 메뉴는 내일 생각한다. 과거에 일을 할 때는 아침은 간단하게, 점심은 늘 회사에서 해결했기 때문에 무엇을 먹어야 할지 신경 쓰지 않고 살았는데 은퇴한 지금은 스스로 챙겨야 하다 보니 되도록 한꺼번에 음식을 만들어놓고 여러 번 나눠 먹는 일이 더 많다. 고기를 자주 먹지 않는 안넬리에 비해 남편 헤이키는 스테이크를 무척 좋아해서 남편이 먹을 때는 함께 먹기도 한다.

"손주들이 오면 그 아이들이 좋아하는 음식을 만들어야 해요. 우리가 평소에 먹는 음식을 주면 좋아하지 않으니까요. 주로 마카로니라티코를 만들어줘요. 솔직히 나와 헤이키는 전혀 입에 대지 않는 음식이고 흥미도 없지만, 어떤 음식이든 아이들이 잘 먹는 모습을 보면 그것만으로도 좋죠."

⑥ 대를 물려 사용하는 것들

안넬리는 시어머니로부터 가구들과 살림살이들을 물려받았는데, 그중 상당 부분이 결혼한 첫딸의 집과 독립한 둘째 딸의 집으로 갔다. 물려받은 가구를 다시 물려준 것이다. 물건과 사람이 가족이 되어 작은 역사를 쓰고 있다.

현재 그녀의 집에 남은 시어머니의 가구라곤 캐비닛 하나뿐이다. 그 안에는 오래된 가족들의 사진이 액자에 담긴 채 장식되어 있다. 안넬리 역시 다른 사람들처럼 필요할 때마다 중간중간 가구를 바꾸거나 추가하긴 했지만, 처음부터 끝까지 구색을 갖춰 한꺼번에 설치한 적은 없다. 결혼 선물로 받은 거실 벽의 액자와 비슷하게 분위기를 맞추기 위해 커튼은 푸른 계열과 베이지, 화이트 컬러가 매치되게 제작해 구매했는데 이 정도가 맞춤의 전부다.

가구는 핀란드의 가구 브랜드 중 하나인 뱁살라이넨Vepsäläinen과 지금은 존재하지 않는 코르호넨Korhonen에서 샀다. 집 안에 있는 몇 개의 램프는 전자 제품을 판매하던 남편의 친구에게 얻었다. 안넬리 부부가 신혼 때는 가구 브랜드 룬디아Lundia가 유행이었기 때문에 그곳에서 많이 샀고, 최근에는 아스코Asko와 이스쿠Isku의 가구를 좋아해서 눈여겨보았다가 사곤 한다.

"저는 심플한 게 좋아요. 이 집은 노르웨이 건축가가 설계해서인지 구조가 살짝 복잡해요. 핀란드 건축가가 설계했다면 디자인이 더 마음에 들었을 거 같아요."

⑦ 비로소 온전한 여행, 편안한 여가를 즐기다

지난가을, 안넬리는 남편과 함께 프랑스 북동부의 샴페인 와인 투어를 했다. 그곳 농장에 가서 와인이 어떻게 만들어지는지 맛을 보며 공부했다. 헬싱키에서 배를 타고 에스토니아의 탈린으로 간 뒤 거기서 다시 버스를 타고 러시아의 노프고로드와 상트페테르부르크로 가서 전쟁 역사를 돌아보는 여행도 했다.

이전에는 단지 눈과 입이 행복해지면 그것이 곧 여행이라 생각했지만, 지금 안넬리에게 여행은 인생의 지난날을 돌아보고 깊이 있는 시간을 가진다는 것을 의미한다. 잊고 지냈던 추억의 흔적들을 돌아보거나 미처 인식하지 못한 채 지나쳤던 장소들을 다시 한 번 되짚으면서 자신의 기억들을 빼곡하게 채워나간다. 지난봄에는 사촌들과 다 같이 스페인 여행을 했는데 멤버 중에서 최고령자는 89세였다.

"둘째 딸 안나가 승무원이라 우리 가족 모두 여행을 많이 다니기도 했고, 60년이 넘는 세월 동안 이미 많은 것을 봤기 때문에 꼭 새로운 곳을 가고 싶다거나, 가야 한다는 욕심은 없어요. 호주는 한 번쯤 가보고 싶기도 하고, 남편은 파나마를 꼭 가야 한다고 하지만 가지 않아도 상관없어요."

또 공연을 보기 위해 여행을 다니기도 한다. 누구와도 동행하지 않는 혼자만의 여행은 라디오를 들으면서 자유롭게 도로를 달리는 것부터 시작된다.

⑧ 때때로, 아무것도 하지 않을 자유

"어느 날은 아무 일도 일어나지 않고 할 일이 아무것도 없을 때가 있어요. 그럴 땐 나만의 구석에 가만히 틀어박혀 조용히 책을 읽으면서 약간의 고독을 누려요."

안넬리가 말하는 '나만의 구석'은 소파 모서리다. 등받이에 필요한 쿠션도 충분히 놓고, 구부러지는 램프를 자유자재로 사용하면서 책이나 잡지를 읽는다. 글자들이 눈에 들어오지 않으면 가장 편한 자세를 취한 상태로 친구나 자매와 통화를 한다. 누워서 텔레비전을 보기도 하고, 그러다 차 한잔 마시고 싶으면 부엌에 가서 부엌 창문 밖으로 보이는 마당을 보며 차를 마신다. 늘 켜져 있는 라디오를 듣고, 바스락 소리를 내며 신문을 천천히 읽는 일도 무료할 때 하는 일이다.

2층에는 부부 침실과 딸들이 쓰던 방들이 있다. 첫째 딸이 쓰던 방은 안넬리가 사용하고, 둘째 딸이 쓰던 방은 남편 서재로 쓴다. 첫딸이 쓰던 침대는 높이를 조절할 수 있는데 가끔 혈액 순환을 위해 다리를 비스듬히 올려놓고 누워 있기도 한다.

[은퇴, 그 이전의 삶에 대하여]

① 그토록 살고 싶었던 집

첫딸 사이야와 둘째 딸 안나가 어렸을 때다. 유모차에 태우고 매일 산책하던 코스가 있었는데 숲길을 지나면 동네가 펼쳐졌다. 그곳은 안넬리가 태어나고 자란 라플란드 이발로Ivalo 집 주변의 숲과 많은 부분 닮아 있어 고향에 대한 향수를 달랠 수 있었다. 어느 날부턴가 산책할 때마다 집 하나를 자연스레 눈여겨보게 되었고, 그 집이 얼마나 마음에 들었던지 '저 집이 내 집이 되었으면 좋겠다'는 억지스러운 마음까지 들었다. 그리고 그 마음은 점점 간절해졌다. 6개월 정도 흘렀을까? 여전히 그곳을 산책하고 있을 때 그 집을 판다는 표지판을 보고, 안넬리는 남편 헤이키와 여기저기 은행을 찾아가 부족한 액수를 대출받아 냉큼 지원했다.

집은 딸들의 학교와 가까웠고, 마트와 병원에 가기도 쉬웠다. 이사하고 몇 년이 지났을 때 다른 집으로 이사를 갈까 잠깐 고민했는데, 동네에 친구가 많은 딸들이 원하지 않았다. 지금은 세상을 떠났지만 12년 동안 키우던 반려견 신나Sinna도 숲 속으로 혼자 달려가서 놀다 오곤 했다.

"마치 시골에 사는 것처럼 한가하지만 모든 편의 시설이 주변에 잘 갖춰져 있어요. 예를 들어 우리는 아이들 학교를 차로 데려다줄 필요가 한 번도 없었어요. 기차역도 가깝고 차로 헬싱키 시내까지는 30분도 안 걸려요. 기차역 주변 공원에는 매년 봄이면 알피루수Alppiruusu 진달랫과 식물 꽃이 피어 정말 아름다워요. 진한 향과 색은 주변을 새롭게 만들어요. 다만 동네가 공항과 가까워서 비행기 소리가 쉴 새 없이

들려요. 물론 집 안에 있을 때 그렇지 않지만요."

대문을 열면 나타나는 숲으로 이어지는 길은 마치 자연과 삶이 밀착되어 있는 듯싶다. 키 큰 나무들 덕분에 무성한 자연의 변화가 느껴지는 안넬리의 집은 인간과 공간, 주변의 관계가 적절한 양념처럼 잘 버무려져 있었다.

② 1970년대에도 당연했던 육아 휴직

"1970년대는 일찍 아이를 낳는 게 당연한 시절이었어요. 직업이 있거나 집이 있으면 출산을 미루지 않았죠. 임신 계획 같은 건 따로 세우지 않았어요."

안넬리는 첫딸 사이야를 출산한 뒤 다니던 직장으로부터 육아 휴직을 받아 5개월 동안 집에서 육아에 전념했다. 5개월 뒤 복직했는데 사이야를 유치원에 보내지 못해서 4개월마다 한 번씩 아이를 다른 곳으로 데려가 맡겨야 했다. 왜냐하면 그때만 해도 정부 보조로 운영되는 퍼블릭 유치원이 지금처럼 많지 않았다.

"프라이빗 유치원에라도 보내려고 지원했지만 40년이 지난 지금까지 답을 받지 못했어요."

안넬리는 작은 농담을 건네며 웃었다.

핀란드의 유치원 교육비 정책이
궁금하다면?

2인 가정 소득이 1355유로(약 175만 원), 3인 가정 소득이 1671유로(약 215만 원), 4인 가정 소득이 1983유로(약 260만 원), 5인 가정 소득이 2116유로(약 270만 원), 6인 가정 소득이 2248유로(약 290만 원) 이상일 경우 시에서 운영하는 유치원 대기자 명단 상위권에 올라가지 못한다. 고소득자 가정에서는 아이를 프라이빗 유치원에 보내기도 하는데 현재 헬싱키 프라이빗 유치원(헬싱키 푸나부오리Punavuori 지역 기준)은 3세 미만일 경우 한 달 교육비가 1000유로(약 130만 원) 이상이며 3세 이후부터는 원비가 조금씩 줄어든다. 물론 이것이 전부 개인 부담은 아니다. 부모의 수입에 따라 차등 지불하며 사회보험기관에서 일부를 부담한다.

③ 둘째 출산 후 직업은 일시 정지

3년 뒤 둘째 딸 안나가 태어난 뒤로는 계획한 스케줄이 더 꼬이기 시작했다. 딸 둘을 동시에 맡길 장소를 찾을 수 없었던 것이다. 육아 휴직 내내 백방으로 알아봤지만 방법을 찾지 못한 그녀는 결국 복직 한 달 전에 일을 그만두기로 결정했다.

"동거와 결혼, 출산, 육아까지 많은 변화를 겪었지만 일을 그만둔 것이 가장 큰 사건이었어요. 일을 단계적으로 하면서 사회생활을 잘하고 싶었거든요. 다행히 큰딸이 여덟 살, 둘째가 다섯 살이 되었을 때 같은 직장으로 복귀했지만 업무는 처음부터 다시 시작해야 했지요."

둘째가 다섯 살이 될 때까지 5년 동안 전업주부로 살았다. 아이를 돌보며 요리를 배웠고, 재봉틀을 익혀 옷을 수선할 계획도 세웠는데 요리 실력은 별로 늘지 않았으나 재봉틀 실력은 일취월장했다.

④ "사교육? 그게 뭐죠?"

안넬리와 남편은 두 딸들이 직업 고등학교가 아닌 일반 고등학교에 가서 원하는 대학에도 가고, 좋은 직장을 구하길 바랐다. 그래서 두 아이 모두와 여러 번 상담을 했고, 다행히 부부의 바람대로 잘 따라와주었다.

두 딸은 중학교 때까지 집에서 가장 가까운 학교에 다녔다. 방과 후 학교 숙제는 스스로 했고, 영어와 수학은 안넬리와 남편 헤이키가 가르쳤다. 다른 사교육은 없었다. 당시 핀란드에서는 학교 수업 후 따로 기관에서 공부하는 경우가 거의 없었다. 딸들의 사교육이라 할 만한 것은 첫딸 사이야가 고등학교 여름방학 때 딱 2주간 영어와 스웨덴어 코스를 들은 것이 전부다. 둘째 딸은 그마저도 없이 오직 학교 수업만 받았다.

부부는 공부만큼이나 중요한 것이 있다고 생각했다. 그것은 자신에게 잘 맞아서 오래 지속할 수 있는 운동을 되도록 일찍 선택하는 것이다. 덕분에 두 딸은 어릴 때부터 경기 스포츠를 배웠다.

1980년대 초반 헬싱키 뮈르마키Myyrmäki에 처음으로 아이스링크장이 생겼고, 아이들은 방과 후 그곳에서 많은 시간을 보냈다. 첫딸은 걸스카우트 단원이 된 이후에 스케이팅을 그만두었지만, 둘째 딸 안나는 네 살 때부터 매일 아이스링크에 다니면서 운동에 집중했다. 덕분에 안나는 여섯 살 때부터 스물두 살까지 전국 대회 레벨 선수로 활동했으며 그만둘 때는 피겨싱크로나이즈팀 멤버로도 활약했다. 주중에는 연습을 해야 하고, 주말에는 종종 대회가 있었다. 다른 공부를 할 시간이 없었으므로 안나는 언니처럼 언어 코스를 들을 시간도 없었다.

[여자 안넬리 이야기]

① 자연과 놀면서 자란 어린 시절

이발로는 라플란드에서도 북쪽 상단에 위치한 도시다. 안넬리는 그곳에서 태어나고 자랐다. 은행장이었던 아버지 덕분에 안넬리와 다섯 형제는 부족함 없이 살았지만 환경적으로 먹거리나 놀잇감은 없었다.

어린 시절, 그녀와 가족들의 무대는 늘 집 앞마당이었다. 그곳에서 높이뛰기, 멀리뛰기, 사방치기 등 할 수 있는 놀이는 다 했다. 형제들뿐만 아니라, 가끔씩 사촌들과 동네 친구들도 같이 모여 놀곤 했다.

그러던 어느 날 친구네 집에서 보드게임을 보게 되었다. 그동안 해오던 놀이와는 전혀 다른, 끝내주는 게임이었다. 인형이나 장난감은 크리스마스 선물로 받기도 했지만 그 매혹적인 보드게임은 끝내 받지 못했다.

아이들을 현혹한 것은 보드게임뿐만이 아니었다. 당시에는 자전거가 유행이었다. 안넬리는 자전거를 갖게 되면서 놀 수 있는 구역이 넓어졌다. 라플란드에서 자랄 때는 아이 혼자 자전거를 타도 위험한 요소들이 없었다. 자동차도 거의 없었기 때문에 자전거를 타고 몇 킬로미터씩 달렸다가 집으로 돌아오곤 했다.

요즘은 아이들끼리 버스를 타고 스키장에 간다거나, 숲에서 불을 이용해 소시지를 구워 먹는 것을 절대 허락하지 않겠지만, 안넬리가 자랄 때만 해도 아이들은 미취학 아동기만 넘기면 장거리 외출이 가능했다. 그 이유는 아마도 라플란드가 그만큼 안전한 곳이었기 때문이라 생각한다.

② 유치원 대신 가사 도우미!

안넬리가 자라던 1950년대 이발로에는 가사 도우미나 동네 할머니가 집으로 와서 아이를 봐주었다. 유치원 같은 건 없었다. 감기에 걸리면 약 대신 뜨거운 주스를 마시고 몸을 따뜻하게 했다.

안넬리의 어머니 세대, 당시의 라플란드에서는 콤시오Komsio라는, 나무로 만든 전통적인 아기 침대를 사용했었다. 천장에 매달아놓고 흔들어주거나 아이가 지루해하는 것 같으면 매단 채 수직으로 세워 이것저것을 보게 했다고. 한데 그렇게 자란 사람들 중에 골반이 약해지거나 잘 걷지 못하는 일이 많이 생기면서 사용이 금지되었다.

③ 대학 대신 직업

고등학교 재학 당시 안넬리는 수공예 선생님이 되고 싶었지만 좀 더 전문적인 학위를 따기를 바라는 어머니의 말씀을 따라 법대로 진로를 바꿨다. 이발로에서는 마땅히 공부할 장소가 없었기 때문에 졸업 후 로바니에미Rovaniemi에 있는 비즈니스 연구소에서 공부한 뒤 법대 진학 관련 책을 들고 헬싱키로 옮겼다.

헬싱키에서는 외할머니의 친구분 집에서 지냈다. 열심히 공부했지만 단 1점이 모자라그냥 하는 말이 아니라 정말 1점이 부족했다고 한다 학교에 입학할 수 없었다. 다음 해에 다시 도전하기 전까지 일하기로 하고 고용 센터에 가서 일을 요청했는데, 그렇게 연결된 보험회사가 평생 직장이 되었고, 법대에는 들어가지 않았다. 그리고 그즈음 현재의 남편을 만났다.

④ 결혼 전, 동거 1년

지금도 마찬가지지만 그때도 집을 구하는 일은 쉽지 않았다고 한다. 약혼 이후 함께 살 임대 아파트를 찾아다녔지만, 집은 빨리 구해지지 않았다. 남편은 여전히 부모님 집에서 살았고, 안넬리는 친구와 함께 침대 방 하나가 딸린 집에서 살고 있었다. 임대 아파트를 포기하고 은행에서 대출받아 집을 사기로 했다. 그렇게 동거를 시작했고, 1년 후인 1974년 8월 31일에 부부가 되어 결혼 40주년을 넘겼다.

안넬리가 고향을 떠나 처음 헬싱키에 자리 잡았을 때는 시내 중심에서 생활을 시작했다. 심장에서 혈관을 보내는 것처럼 바쁜 헬싱키 사람들의 움직임은 안넬리가 도시에 적응할 시간도 없을 정도였다. 자신이 지금 어디에 있는지, 발걸음이 어디로 향하고 있는지 항상 안정되지 못하고 붕 뜬 기분이었다.

다행히 헬싱키 변두리에서 동거를 시작해 몇 년 뒤 현재의 집이 있는 반타로 와서야 마음이 안정되었다고 한다. 반타로 이사한 뒤에는 헬싱키를 완전히 잊어버렸다. 직장도 헬싱키에 있고, 분명 아름다운 도시인 것은 알지만 여기처럼 시골 같은 느낌이 드는 곳이 안넬리에겐 더 잘 맞았다.

⑤ 더 넓은 세상으로 떠나고 싶은 꿈

"사실 제 고향 이발로는 아무것도 모르던 시절까지만 살기 좋은 곳이었어요."
안넬리와 친하게 지내던 동네 친구가 헬싱키로 이사 가서 그 집을 방문한 적이 있었다. 그날이 안넬리가 생애 처음으로 라플란드와는 다른 세상을 보게 된 날이었다.

헬싱키를 본 이후 안넬리에게 이발로는 너무 작게 느껴졌다. 이후 고등학교 재학 시절에 어학 코스와 여름 아르바이트를 위해 스웨덴에 가서 잠시 지내다 돌아온 다음에는 이발로가 더 이상 미래를 위해 교육을 받을 만한 곳이 아니라는 것을 깨달았다.

일을 위한 교육을 받을 만한 곳도 없었다. 고등학교 졸업 후 로바니에미에서 공부할 때 '여기라면 살 수 있을 것 같다'고 생각했지만 그곳에서도 자신에게 맞는 직업을 찾을 수가 없었다. 이발로를 포함한 라플란드 지역은 젊은 사람들을 위한 기회가 별로 없었다. 함께 공부했던 친구들도 학업이나 직업을 찾으러 헬싱키로 떠났고, 결국 안넬리도 떠나야 했다.

헬싱키에 살면서 처음에는 가족들과 손 편지로 연락을 주고받았고, 이후에는 전화로 서로의 안부를 물었다. 1년에 몇 번씩 안넬리가 고향 집에 방문하고, 어머니나 할머니가 헬싱키로 오셨지만 가족이 먼 곳에 있다는 것은 늘 그리운 일이었다. 하지만 해가 거듭될수록 이발로는 더 이상 어릴 때 놀던 곳이 아니었다. 더 고립되어 보였다. 그럼에도 이발로의 대자연은 여전히 그리운 대상이었다.

안넬리가 헬싱키로 이사한 그해 겨울은 눈이 많이 오지 않았다고 한다. 겨울이면 늘 영하 30~40도에서 보내는 것이 당연한 안넬리에게 헬싱키의 겨울은 포근함 그 자체였다. 허리까지 빠지는 엄청난 눈이 그리웠고, 여름에는 티 없이 맑은 호수가 눈앞에 아른거렸다. 시간이 흐른 지금, 안넬리에게 이발로는 태어나고 자란 고향이자 매년 휴가를 떠나는 가장 안락한 장소다.

[안넬리가 말하는 핀란드 & 핀란드 사람들]

"핀란드는 유럽의 다른 나라들과 비교할 때 여성의 위치가 남자와 평등한 곳이에요. 직장에 들어가 몇 해가 지난 뒤에는 같이 입사했던 여자 동료들이 한 명도 남지 않았어요. 결국 사무실에 여자는 저밖에 없었지만 미팅이 있을 때 서류를 정리한다거나 글 쓰는 일, 자료를 나눠주는 사소한 일 같은 건 한 번도 한 적이 없어요. 남자 동료들이 내가 여자라는 이유만으로 그런 일들을 시키지 않았던 거죠. 그때마다 나는 핀란드에선 확실히 남녀가 평등한 대우를 받는 곳이라고 생각했어요."

안넬리처럼 핀란드 사람들 대다수가 깨끗하고 맑은 공기, 모든 이들에게 보급되는 무상 교육, 사회 계급과 관계없이 받는 복지에 만족한다. 또 일하는 동안은 정당한 요구를 하고, 정당한 대우를 받을 수 있으며 은퇴 후에는 매달 들어오는 노후 연금, 어디를 가든 북적거림과 경쟁이 덜한 여유로운 환경, 그리고 마지막으로 안전함에 대해 만족한다고 얘기했다.

언젠가 스페인으로 휴가 여행을 갔다가 호텔 옆 국제 학교에서 등하교 시간에 맞춰 부모들이 아이를 차로 데려다주고 기다리는 모습을 보고 깜짝 놀란 적이 있다고 했다. 핀란드에서는 그런 모습을 거의 볼 수 없기 때문이다. 핀란드 학생들은 수업이 끝나면 자유롭게 시간을 보내다가 스스로 집에 간다. 사교육이 없으니 서둘러 다음 장소로 빠르게 움직일 이유도 없다. 독립적으로 자라는 핀란드 아이들답게, 안전한 사회 안에서 자라는 아이들답게 부모의 도움 없이 집과 학교를 오간다.

겨울이 너무 어둡고 춥다는 단점 외에 그녀가 지적한 또 다른 단점이 있었다. 앞서 인터뷰했던 대부분의 사람들이 꼬집었던 술에 관한 이야기다. 핀란드 사람들은 술을 어떻게 마시고 얼마나 마셔야 하는지 잘 모를 만큼 많이 마신다는 것. 그래서 알코올 중독자들이 무척 많다는 것이다. 그래서 술이라면 아주 손사래를 친다.

[좀 더 하고 싶은 말들]

인생에서 중요한 숙제들을 끝낸 60대 여자가 쏟아내는 이야기는 온기로 가득했고, 얼굴에는 편안함이 자리 잡고 있었다. 마치 어떻게 살아야 하는지, 인생에서 정말 중요한 것이 무엇인지 그 해답을 쥐고 있는 듯했다.

"살아보니 인생이 계획한 대로 살게 되거나 원하는 대로 흘러가지 않더라고요. 현재의 삶에서 무엇을 더 원하는 것은 없어요. 지금처럼 가족들과 자주 왕래하며 서로를 위하는 마음이 유지됐으면 좋겠어요. 만약 내가 팔을 다쳐서 깁스하게 되는 날이 온다면 남편이나 딸들이 와서 나를 위해 커피를 만들어주는 그런 마음이오. 우리 가족뿐만 아니라 형제들, 사촌들과도 자주 연락하며 지내고 싶어요."

이발로에서 태어나고 자란 안넬리는 형제들 중 한 명만 제외하고 모두 고향을 떠나 다른 도시와 나라에 살고 있다. 때문에 지금은 돌아가셨지만 살아생전 홀로 남은 어머니의 모습이 늘 안타깝고 슬펐다. 그런 어머니의 모습을 보며 느낀 것이 가족은 늘 가까운 곳에 살면서 자주 보고, 자주 부대끼며 살아야 한다는 것이었다.

지금 안넬리의 딸 둘은 모두 같은 지역에 산다. 첫딸 사이야는 일주일에 몇 번씩, 승무원인 둘째 딸 안나는 비행 때문에 2~3주에 몇 번씩 만난다. 만나지 않아도 전화 통화는 매일 한다. 크리스마스, 아버지의 날, 어머니의 날, 밀로와 이슬라의 생일 등 가족 행사나 명절 때는 무조건 다 같이 만난다.

"매년 생일마다 나이 대신 친구들을 세고, 남아 있는 가족들을 둘러보는 것이 더 중요해요. 혼자 늙어가거나 집에 있지 말고 친구와 가족을 만나면서 소통해야 해요."

그리고 진짜 핀란드 집 이야기

: 마리메코 창시자의 아들, 라티아의 집을 엿보다

① 뼛속부터 창의적인 사람이 사는 법

여기, 이 아파트는 현관부터 옆집과는 확실히 달라 보인다. 현관 앞 작은 테이블 위에는 둥근 꽃병이 있는데, 그 안에는 그때그때 생기 넘치는 꽃들이 담겨 있다. 이것은 손님을 맞이하는 그만의 특별한 방법이다. 여자 손님은 배웅하기 전, 꽃을 한 송이씩 건네기도 한다.

집 안은 정말 마음 가는 대로 꾸며져 있다. 집에서도 신발을 신고 있는 것이 편해 신발을 벗지 않고 생활한다. 물론 놀러 온 손님 역시 신발을 벗지 않아도 된다고 말한다. 집 안에서는 침실을 제외하고는 외부와 내부 구분 없이 자유롭게 신발을 신고 왔다 갔다 하지만 다행히도 바닥 재질 때문인지 손가락으로 쓸어서 확인하기 전까지는 외관상으로 더러움이 느껴지지는 않았다.

"나에게 가장 비싼 취미는 아트를 사랑하는 일이에요."

리스토마티 라티아Ristomatti Ratia의 집 거실 가운데에, 침대 옆에, 식탁 옆에는 대형 예술 작품들이 버티고 있다. 안타까운 점은, 더 이상 새 작품을 들여놓을 공간이 넉넉하지 않다는 것이다. 집 안에 둘 곳이 마땅치 않아 창고에 보관하는 것도 많다고. 그는 마음에 드는 작품을 수집한 다음에는 어떤 식으로 놓아야 가장 보기 좋을지, 전에 있던 작품들과 어떻게 하면 조화를 이룰지에 대해 깊이 고민하는 스타일이 아니다. 최대한 단순하게 생각한 뒤 마음이 움직이는 곳에 아무렇지도 않게 둔다. 그에게 집 안을 억지로 꾸미는 일은 그것이 무엇이건 별로인 일이다.

라티아의 어머니 아르미 라티아Armi Ratia는 한국에서도 잘 알려진 브랜드 마리메코Marimekko의 창시자다. 그녀는 굉장히 크리에이티브한 사람이었고, 그 때문에 어린 시절의 라티아는 자신의 엄마가 다른 엄마들처럼 평범하지 않다는 점 때문에 고민하곤 했다.

특히 어머니는 그를 창의력 있는 아들로 만들기 위해 압박에 가까운 노력을 했다. 한 예로, 어린 시절부터 그를 디자이너 작업실 현장에 데려가 크리에이티브한 작업을 배우도록 했다. 어머니의 제안으로 디자이너 일마리 타피오바라Iimari Tapiovaara의 작업실에서 인턴을 한 적도 있다. 어린 라티아에게 어떤 임무를 주어야 할지 모르는 눈치였던 타피오바라는 한참을 고민한 뒤 "숲에 가서 자연이 어떻게 관절을 이루는지 살펴보라"는 첫 번째 미션을 주었다.

사실 오래전부터 핀란드 디자이너들은 자연과의 조화를 중요하게 생각했다. 타피오바라의 첫 미션도 아마 이런 핀란드 디자이너들의 생각을 심어주기 위한 방편이 아니었나 싶다. 핀란드 사람들은 집을 지을 때, 가구를 만들 때 근본부터 탄탄하게 만든다. 가구를 자주 바꾸고, 건물을 부수고 새 건물을 올리는 일을 낭비로 생각한다. 예술가는 아니지만 나의 친구가 헬싱키의 낡은 아파트를 보면서 했던 말도 잊히지 않는다.

"우리만 쓰는 게 아니잖아. 이곳은 우리의 유산이자 후손들이 살아갈 삶의 터전이니 잠시 빌려 쓰고 다시 완전하게 되돌려줘야 해."

새것, 새 물건, 새 유행이라면 온 국민이 달려들어 똑같이 사는 대한민국식 스타일과는 정반대다.

아주 오래전 라티아가 디자인을 공부할 때 "이미 다 만들어져 숍에서 팔고 있는 물건을 사지 말고, 필요한 물건을 직접 만들라"는 말을 들은 적이 있다고 한다. 이상하게도 이 문장은 라티아의 뇌리에 박혀 떠나지 않았고, 그 말을 지금까지 잘 실행하고 있다.

그에게 인테리어는 '만들기'다. 무엇이 필요하고 어떻게 실용적으로 만들어나갈지 생각하기 바쁘다. 의자의 경우 어떻게 앉는 게 편할지를 생각한 다음 만들어나간다. 영감은 필요한 것을 채워나가고 싶은 순간, 그의 생각으로부터 받게 된다. 먹고, 쓰고, 입는 것들, 사용하는 가구는 물론 사소해 보일 수 있는 안경 하나까지 그의 디자인이 반영되지 않은 부분이 없다재미있게도 안경테에는 '내 거야!'라는 표시처럼 라티아의 이름이 적혀 있었다. 라티아는 숍에서 파는 가구가 성에 차지 않거나 찾는 물건과 비슷한 게 없으면 직접 만들어 쓰면 된다고 말한다. 그러면 누구나 디자이너가 되어 자신만의 집을 탄생시킬 수 있다고. 덕분에 그의 집은 관습을 깬 창조적인 공간이 되었다.

② 발트 해가 보이는 집

"나만의 인테리어가 무엇인가를 묻는다면 '바다'라고 말하죠."

라티아는 바다와 인연이 꽤 깊다. 부모님이 살던 집도 바다와 가까웠고, 어린 시절에는 종종 배를 타고 헬싱키에 있는 작은 섬에 가서 부모님과 휴가를 보내기도 했다. 그곳에서 바다에 쓸려온 물건들대체로 쓰레기들이 많았다을 모아 장난감을 만들며 바닷가를 놀이터 삼아 시간을 보냈다. 그렇게 그는 자연스럽게 바다를 사랑하는 소년으로 자랐다.

지금 라티아가 살고 있는 집 안에서는 바다를 한눈에 볼 수 있다. 인위적인 장식이 없어서일까. 그것은 자연스러워서 더 멋진 인테리어가 된다. 특히 창문이라는 프레

임 속에 시시각각 변하는 발트 해의 풍경은 그에게 또 다른 예술로 다가온다. 이렇 듯 멋진 예술 작품을 눈앞에서 바라볼 수 있기에 라티아는 발트 해의 섬들이 있는, 여기 헬싱키에 각별한 애정을 가지고 있다. 그중에서도 산타하미나Santahamina 섬은 라티아가 무척 좋아하는 휴가지다.

오랜 세월 핀란드에서 살고 있는 그이지만, 여전히 헬싱키에서는 관광객의 마음으 로 구경을 다닌다. 그동안 많은 나라를 구경했고, 다른 나라에서 살아보기도 했지 만 여전히 그는 헬싱키를 사랑한다. 날씨에 상관없이 그에게 헬싱키는 항상 따뜻한 곳이며, 정을 느낄 수 있는 곳이다.

사람들에게 집의 형태와 의미는 무엇일까. 요즘은 다른 사람들의 눈에 어떻게 보일 지를 고민해서 장식적인 아름다움만 강조한 집들이 넘쳐난다. 지금은 보여주기 위 한 식의, 장식만을 강조한 집들이 넘쳐난다. 라티아는 핀란드 디자인과 실내 장식 은 남의 것을 베끼지 않는다고 말한다. 억지로 하는 연기는 금방 티가 나듯, 인테리 어도 마찬가지다. 각자 살아온 방식대로 집은 꾸며진다. 집을 꾸미되 진실하며, 과 장되지 않고 트렌드를 좇지 않는 그런 것.

시대에 따라 유행은 존재하지만, 집이라는 공간이 주객전도가 될 수는 없다. 오직 한 길만 걸어가면서도 끊임없이 창작의 속도를 잃지 않는 모습이 지금의 라티아와 그의 집을 만들어내고 있었다. 순수하게 예술을 사랑하되 거품이라곤 찾아볼 수 없 는 그와 특별한 이야기를 나누는 동안 선뜻 자신의 집을 구경시켜준 그에게 고마움 을 느꼈고, 내심 횡재한 듯한 기분이 들었다. 집을 나서기 전, 라티아는 현관문 앞에 있던 꽃병에서 해바라기 한 송이를 꺼내 '아침에 산 것'이라며 내게 건네주었다.

me, too FINLAND

JUO
Coca-Cola

"우리만 쓰는 게 아니잖아.

이곳은 우리의 유산이자

후손들이 살아갈 삶의 터전이니

잠시 빌려 쓰고

다시 완전하게 되돌려줘야 해."

LAPSILLE
DESIGN
TUOM
MARK

김은정이 묻고, 티뮤가 찍고,
열 명이 답하다

Epilogue

핀란드 여자들의 다채로운 생활 이야기를 듣는 매 순간이 내게는 배움의 현장이었다. 핀란드에 대해서 으스댈 정도로 잘 안다고 생각했던 나였지만, 그들은 내가 알고 있는 것보다 훨씬 더 자연에 고마워하면서 그 마음을 일관되게 지켜나가고 있었다. 자신들이 살고 있는 나라에 대해서는 세대에 관계없이 소신마저 있었다. 허점이 숨어 있지는 않을까 생각하고 던진 날카로운 질문에도 다들 입을 맞춘 듯 일관성 있게 대답했다.

내가 인터뷰를 위해 만난 20대부터 60대까지 열 명의 핀란드 여자들은 나이는 물론이고 지역도, 직업도, 살아가는 방식도 각기 다른 사람들이다. 하지만 삶의 질이나 수준은 큰 차이가 없었다. 뿐만 아니라 애써 장황한 메시지를 전달하려 하지 않았고, 힘이 잔뜩 들어가 있을 법한 가식적인 말 한마디 섞지 않은 평범한 대화에서 뿜어져 나오는 이야기들은 자신감으로 가득 차 있었다.

이런 결과를 낳은 건 핀란드가 자랑하는 평등한 교육, 여성과 아이를 최우선으로 생각하는 핵심적인 복지도 이유라면 이유가 될 수 있다. 남의 삶을 곁눈질 하지 않고, 팽팽한 경쟁의식 속에서 초조한 삶을 살아가지 않아도 되는 환경, 이것이 현재의 핀란드 사회를 구축하는 데 중요한 역할을 하고 있음을 알 수 있었다.

물론 열 명의 사람들이 모두 이치에 맞고 설득력 있는 메시지만 던진 것은 아니다. 그들의 삶, 그 방향에 정답만 들어 있는 것 또한 결코 아니다. 하지만 인생의 속도를 남과 비교하지 않고, 나만의 고유한 속도를 만들어내며 살아가는 방식은 감히 따라하고 싶다. 그것이 곧 자유롭게 '잘' 사는 것이라는 걸, 그리고 그다지 어려운 문제만은 아니라는 것을 알 수 있었기 때문이다.

불특정 다수 앞에서 강한 나라 핀란드. 그 안에서 평균치의 삶을 살아가는 평범한 사람들의 이야기를 통해 그들이 무엇을 말하고 싶었는지, 내가 무엇을 전하고 싶었는지 읽는 사람들에게 잘 호흡되길 간절히 바란다.

그리고 책이 나오기까지 :

먼저 1년 동안 함께 인터뷰를 다니며 사진을 찍고 책을 꾸려준 남편 티뮤에게 고생했고, 고맙다는 말을 하고 싶다. 티뮤가 없었다면 그들의 마음을 간지럽히며 많은 이야기들을 끌어모으지 못했을 것이다. 10년 전 우리가 만나 연애를 하고, 결혼을 하고, 함께 책을 만들어가는 지금 이 순간의 감동을 늘 기억하자.

"넌 내게 선물이야!"

2년 전 좋은 기획과 기회를 만들어주고, 다양한 책들을 여기 멀고 먼 땅 핀란드까지 실어 보내주었던 친절한 에디터 수은 님 그리고 에프북 대표님과 출판사 식구들 모두! 처음부터 끝까지 응원해준 것에도 깊은 감사를 전한다.

"믿어주신 덕분에 마음 놓고 작업할 수 있었습니다."

또한 그 누구보다 이 책을 빨리 받아보고 싶었을, 인터뷰에 참여해준 열 명의 소중한 인연들과 물질적으로 또 정신적으로 도움 많이 주었던 한국에 있는 가족들 그리고 리헬라 패밀리와 주변 사람들에게도 고마움을 전하고 싶다.

"책에 대해 고민할 때마다 조언 주었던 뉴요커 이현이, 헬싱키에서 맛있는 밥상을 차려주며 챙겨준 천사표 현실 언니, 그리고 뮈레네 Myrene 정말 고마워!"

마지막으로 책을 읽어준 모든 사람들의 마음속에 책 속의 이야기가 천천히 오랫동안 머물러준다면 더없이 행복할 거 같다는 생각을 하며!

"살다가 꼭 한 번쯤, 여기 핀란드에 다녀가세요!"

헬싱키에서 김은정·Teemu Riihelä 드림

그곳에서 살아보고 싶어!

me,   too
FINLAND

초판 1쇄 발행 2015년 11월 10일

지은이 ㅣ 김은정
사진 ㅣ 티뮤 리헬라 Teemu Riihelä
펴낸이 ㅣ 김우연, 계명훈
기획 · 진행 ㅣ fbook
　　　　　　 김수경, 김연, 배수은, 박혜숙, 최윤정
마케팅 ㅣ 함송이
경영지원 ㅣ 이보혜
디자인 ㅣ design group ALL(02-776-9862)
펴낸 곳 ㅣ for book 서울시 마포구 공덕동 105-219 정화빌딩 3층
　　　　　 02-753-2700(판매) 02-335-3012(편집)
출판 등록 ㅣ 2005년 8월 5일 제 2-4209호

값 15,000원
ISBN 979-11-5900-002-7   13590